光缆线路维护
实用教程

潘　丽　张　兵　鲁　军
汪德兵　孙小鹏　李齐军 ◎ 编著

人民邮电出版社
北　京

图书在版编目（CIP）数据

光缆线路维护实用教程 / 潘丽等编著. — 北京：
人民邮电出版社，2019.5
ISBN 978-7-115-50840-9

Ⅰ. ①光… Ⅱ. ①潘… Ⅲ. ①光纤通信－通信线路－
维修 Ⅳ. ①TN913.33

中国版本图书馆CIP数据核字(2019)第029332号

内 容 提 要

本书重点针对通信光缆线路维护人员工作中关注的核心问题——现场验收、日常维护、故障处理进行讲解，首先介绍了光缆线路相关的基础知识，然后重点分章节介绍了工程验收、日常维护、光缆接续、仪表使用、故障处理的相关要点。

本书适合通信运营商、设计院、施工单位、监理单位、代维公司的管理和技术人员阅读，同时也可以作为通信工程相关专业人士的参考读物。

◆ 编　著　潘　丽　张　兵　鲁　军　汪德兵　孙小鹏　李齐军
　　责任编辑　李　强
　　责任印制　彭志环
◆ 人民邮电出版社出版发行　　北京市丰台区成寿寺路 11 号
　　邮编　100164　　电子邮件　315@ptpress.com.cn
　　网址　http://www.ptpress.com.cn
　　北京隆昌伟业印刷有限公司印刷
◆ 开本：700×1000　1/16
　　印张：13.5　　　　　　　　　2019 年 5 月第 1 版
　　字数：194 千字　　　　　　　2019 年 5 月北京第 1 次印刷

定价：78.00 元
读者服务热线：(010)81055493　印装质量热线：(010)81055316
反盗版热线：(010)81055315

前言

　　为落实"宽带中国"和5G发展的国家战略部署,近年来国内光纤需求年均复合增长率达17%。同时,光通信技术面向大流量、大带宽的业务需求持续变革,现网中单根纤芯采用波分复用技术后能够承载80个100G/200G波道的容量,单芯容量已达数十太比特每秒。按照工业和信息化部要求,到2020年98%的行政村要实现光纤通达,50%的城市家庭用户接入能力达到100Mbit/s,国内通信运营商已在着手打造规模庞大、带宽海量的光缆网络。

　　光缆线路的敷设路由通常沿着地下管道和地上杆路,线路维护以户外工作为主。老一辈线路维护人员与施工队同吃同住,处理过上千起各类复杂场景的隐患和故障。他们熟悉建设中的每一处细节操作标准,熟悉路由中的每一个人井、每一段埋深,具有极丰富的现场经验。但是,目前线路维护经验传承方式较为单一,老同志们偏重于实践,通常是现场言传身教,没有系统化的经验总结,无法全面覆盖各种场景;新同志每次在现场只能学会一招半式,很难系统性、全面性地快速成长。目前,一个成熟的线路骨干专家需要8年左右的培养周期。因此,虽然光缆线路维护从业人员众多,但具备各类场景线路建设、维护和抢修实践经验的骨干专家数量少、培养周期长,难以高效应对高质量的光缆维护工作要求。

　　为了系统化总结在一线奋斗20余年的老一辈线路人的实战经验,突出光缆线路建设、维护的关键场景和重点,解决光缆线路维护工作中的实际难题,支撑线路专家的快速培养,我们编写了本书。希望本书对大量线路从业者的现有知识体系结构和实践经验,起到充实和提升的作用,同时对新进线路人员起到指导作用,新人能够通过系统化学习奠定良好基础,快速进入角色,实现对各种现场关键点的把控。

本书在编写过程中，围绕"实践、关键、实用"3个特点，整合多位从事一线维护工作长达20多年的资深专家的工作经验，实现经验传承。本书也提炼了光缆维护工作各个环节的关键点，简明通俗，旨在全方位解决不同场景中光缆线路维护工作的实际难题。

全书分为6章：第1章介绍了线路基础知识，让读者了解光缆网络的结构、光缆端到端路由的情况，主要包括机房内外线路路由所涉及的相关设施；第2章介绍了线路工程的验收要点，主要包括局内光缆、城区管道线路、架空线路、硅管及直埋线路验收的关键要点；第3章介绍了线路维护工作的要点，以及维护现场如何处理典型的隐患场景；第4章详细介绍了光缆接续的工序及关键要求；第5章简要介绍了光时域反射仪、光源及光功率计等常用维护仪表使用的关键要点和应用场景；第6章详细介绍了光缆线路故障的处理要点，包括故障的分场景处理、环节中的关键点把控。

本书由潘丽、张兵、鲁军、汪德兵、孙小鹏、李齐军参与策划与编写。在本书编写过程中，安徽移动各级传输同仁金杨、张伟、韩昊轩、杨士勇、夏小龙、刘添、杨彬、程兴华等给予了大力支持和帮助。安徽移动网管中心传输网室的同事们，为本书的编写付出了大量的努力，在此表示衷心的感谢。

由于编者水平有限以及编写时间仓促，加之传输网技术发展日新月异，书中有不足之处，敬请读者批评指正，并多提宝贵意见和建议。

编者

目录

第3章 线路维护工作要点

第4章　光缆接续技术要点

第5章　线路仪器仪表使用要点

第6章　光缆线路故障处理要点

第 1 章

线路基础知识

我国光纤通信发展迅速，纤芯使用数量急剧增长，其中三大电信运营商是国内的主要需求客户，集采需求量占比国内市场 80% 以上。近 5 年来，三大电信运营商集采光纤超过 7 亿芯千米，2019 年继续扩大宽带覆盖，储备 5G 接入资源，需求量预计超 3.5 亿芯千米。维护好这样一张庞大复杂的网络，首先要通过本章了解光缆线路相关的基础知识。

1.1 光通信基本概念

传输光网络的容量越来越大，其实是采用了复用技术，在一根光纤中传输越来越多不同波长的光波。在波分复用（WDM，Wavelength Division Multiplexing）网络中实现光波长复用，需要重点解决两个问题：第 1 个问题是发端如何把不同波长的光波合起来，收端如何把不同波长的光波分离开来，可以类比牛顿用三棱镜分离出红、橙、黄、绿、青、蓝、紫七色光，在 DWDM 网络中我们也经常使用一个叫作介质薄膜滤波器（DTF）的器件来进行分光 / 合光；第 2 个问题是合起来的光波如何实现长距离传输，在 DWDM 网络中常使用掺铒光纤放大器（EDFA）直接放大光信号，不用再进行复杂的光 / 电 / 光变换，解决了长距离传输光功率受限的问题。

相关书籍对光波的传输原理、WDM 系统的工作原理有详细的介绍，本节我们重点了解以下与光缆维护相关的最基础的概念，主要包括光纤、光缆、光纤接入设备。

1.1.1 光纤

光纤的完整名称叫作光导纤维（Optical Fiber），是用纯石英（玻璃）以特别的工艺拉成比头发还细、中间有介质的玻璃管，可作为光传导工具，如图 1-1 所示为光纤拉丝及成品示意图。

1. 光纤的生产工艺

光纤的生产流程包括制棒、拉丝、涂覆、筛选、复绕。其中，制棒包含 3 种方法：外部气相沉积法、内部气相沉积法和轴向气相沉积法，具体生产流程详见图 1-2。光纤制造的关键技术是高纯度（光纤材料要求达到高纯度 99.9999%）和高精度（精确控制光纤折射率和几何尺寸）。

图 1-1　光纤拉丝及成品示意图

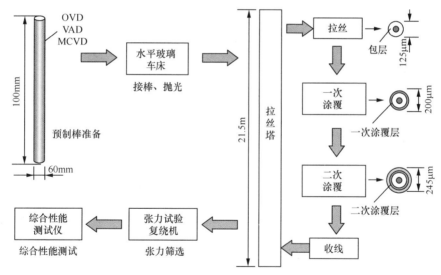

图 1-2　单模光纤生产工艺流程

2.光纤的结构

光纤是由两种不同折射率的玻璃材料拉制而成的，基本结构包括 3 个部分：折射率（n_1）较高的纤芯部分、折射率（n_2）较低的包层部分以及表面涂覆层，如图 1-3 所示。注意，纤芯和包层仅在折射率等参数上不同，在结构上是一个完整的整体。同时为保护光纤，在涂覆层外有二次涂覆层（又称塑料套管）。纤芯的作用是传输光信号；包层的作用是使光信号封闭在纤芯中传输。

通信用的光纤的标称外径为 125μm，多模光纤纤芯的标称直径为 50μm，单模光纤纤芯的标称模场直径为 4～10μm。

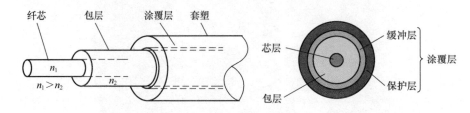

图 1-3　光纤结构

3. 光纤的分类

光纤按照材料、折射率、传输模式、二次涂覆层结构等，被划分成多种类型。

（1）按光纤的材料分类：石英光纤、塑料光纤。

石英光纤一般是指由掺杂石英芯和掺杂石英包层组成的光纤。这种光纤具有很低的损耗和中等程度的色散。目前，通信网络中所使用的光纤大多数是掺锗石英光纤（掺杂物为锗，掺杂物的作用为改变石英玻璃的折射率）。

塑料光纤（POF）是由高透明聚合物如聚苯乙烯（PS）、聚甲基丙烯酸甲酯（PMMA）、聚碳酸酯（PC）作为芯层材料，PMMA、氟塑料等作为皮层材料的一类光纤。不同的材料具有不同的光衰减性能和温度应用范围。塑料光纤不但可用于接入网的最后 100～1000m，而且可以用于汽车、飞机等各种运载工具上，是优异的短距离数据传输介质。石英光纤和塑料光纤的结构如图 1-4 所示。

（2）按光纤剖面折射率分布分类：阶跃型光纤、渐变型光纤。

阶跃型光纤是指纤芯和包层的折射率均匀，呈阶跃形状，如图 1-5（a）所示。由于这种光纤会产生脉冲展宽，目前，多模光纤已经不再使用这种折射率分布形式。而单模光纤中只有一种传输模式，不存在这种由于入射角度的不同而带来的脉冲展宽，因此仍然使用这种折射率分布形式。

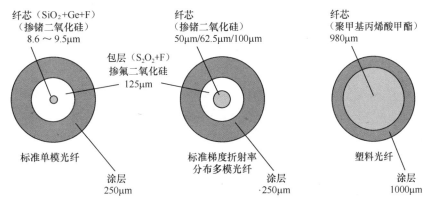

图 1-4 石英光纤和塑料光纤结构图

渐变型光纤的纤芯折射率分布如图 1-5（c）所示，由于渐变型光纤具有类似透镜的"自聚集"作用，对光脉冲的展宽比阶跃型光纤小得多，因此，光信号传输距离较长。目前使用的多模光纤均采用此类折射率分布形式。

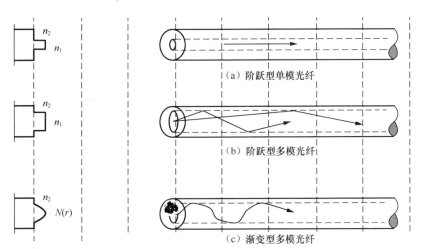

图 1-5 阶跃型光纤和渐变型光纤的传输模式

（3）按传输模式分类：多模光纤、单模光纤。

多模光纤是指在一定的工作波长上有多个模式同时在光纤中传输。按多模光纤截面折射率的分布可分为阶跃型多模光纤和渐变型多模光纤。

单模光纤是指只能传输一种模式的光纤。单模光纤只能传输基模（最低阶模），不存在模间时延差，其带宽一般比渐变型多模光纤高一两个数量级，这对于高码速传输是非常重要的。因此，单模光纤广泛应用于大容量、长距离的通信。多模和单模光纤结构及传输模式如图1-6所示。

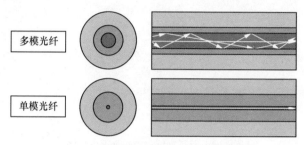

多模光纤

单模光纤

图1-6　多模和单模光纤结构及传输模式

（4）按二次涂覆层结构分类：紧套结构光纤、松套结构光纤。

紧套结构光纤是指光纤的二次涂敷（塑料套管）与一次涂敷紧密接触，光纤在套管中不能松动。松套结构光纤是指光纤的二次涂敷与一次涂敷留有空间（一般充油膏），光纤在套管中可以松动，如图1-7所示。

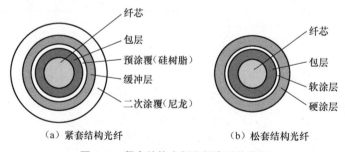

纤芯
包层
预涂覆（硅树脂）
缓冲层
二次涂覆（尼龙）

纤芯
包层
软涂层
硬涂层

（a）紧套结构光纤　　　　　　　（b）松套结构光纤

图1-7　紧套结构光纤和松套结构光纤

4. 常用光纤传输特性介绍

目前，常见的ITU-T规定的光纤代号有G.651光纤（多模光纤）、G.652光纤（常规单模光纤）、G.653光纤（色散位移光纤）、G.654光纤（低损耗光纤）、G.655光纤（非零色散位移光纤）。我国的国家标准采用IEC标准，

ITU-T 和 IEC 关于光纤标准的对比情况参见表 1-1。

表 1-1 ITU-T 和 IEC 光纤标准的对照表

光纤名称	ITU-T	IEC
非色散位移单模光纤	G652：A、B、C、D	B1.1、B1.3
色散位移单模光纤	G653	B2
截止波长位移单模光纤	G654	B1.2
非零色散位移单模光纤	G655：A、B、C	B4
微弯光纤	G657：a1、a2、b2、b3	—

（1）G.652 光纤。

G.652 光纤是通信网中应用最广泛的一种单模光纤。G.652A 光纤支持 10Gbit/s 系统传输距离超过 400km，支持 40Gbit/s 系统传输距离达 2km；G.652B 光纤支持 10Gbit/s 系统传输距离达 3000km 以上，支持 40Gbit/s 系统传输距离达 80km 以上；G.652C 光纤的基本属性与 G.652A 相同，但在 1550nm 处衰减系数更低，且消除了 1380nm 附近的水吸收峰，即系统可以工作在 1360～1530nm 波段；G.652D 光纤的属性与 G.652B 基本相同，衰减系数与 G.652C 相同，即系统可以工作在 1360～1530nm 波段。

（2）G.657 光纤。

G.657 光纤（接入网用抗弯损失单模光纤）被优选应用于 FTTH 室内光缆。G.657A 光纤是"弯曲提高"光纤，最小弯曲半径为 10mm，已在国内的 FTTH 工程中得到比较好的推广应用。G.657B 光纤是"弯曲冗余"光纤，最小弯曲半径可降低到 7.5mm，G.657B 光纤的技术要求和制造工艺要求更高，也已开始得到应用。符合 G.657 标准的光纤可以用与敷设铜缆类似的方式在室内进行安装，降低了对施工人员的技术要求，同时有助于提高光纤的抗老化性能。

（3）G.655 光纤。

G.655 光纤称为非零色散位移光纤，在 1550nm 波长处有较低的色散（但不是最小），能有效抑制"四波混频"等非线性现象。适用于速率高于 10Gbit/s 的使用光纤放大器的波分复用系统。

1.1.2 光缆

光缆是一定数量的光纤按照一定方式组成缆芯、外包有护套、有的还包覆外护层、用以实现光信号传输的一种通信线路。

1. 光缆结构

光缆的基本结构一般由缆芯、加强构件、护层和填充物等几部分组成，另外，根据实际需要，还有防水层、缓冲层、绝缘金属导线等构件，如图1-8所示。

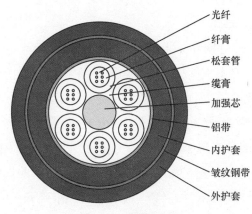

光纤
纤膏
松套管
缆膏
加强芯
铝带
内护套
皱纹钢带
外护套

图1-8　光缆结构图

（1）缆芯：光缆中内护套及其以内的部分。为了进一步保护光纤，增加光纤的强度，一般将带有涂覆层的光纤再套上一层塑料层，通常称为套塑，套塑后的光纤称为光纤芯线。

（2）加强构件：加强构件的作用是增加光缆的抗拉强度，提高光缆的机械性能。加强构件包括磷化钢丝、不锈钢丝、玻璃钢圆棒等。

（3）护层：护层的主要作用是保护缆芯，提高机械性能和防护性能。不同的护层结构适合不同的敷设条件。护层结构包括钢塑复合带、铝塑复合带。

（4）填充物：填充物用来提高光缆的防潮性能，在光缆缆间空隙中注入填充物，以防止水汽进入光缆。填充物质包括气体、油膏、阻水纱。

2. 光缆的分类

光缆的种类较多，其分类的方法就更多。它的很多分类不如电缆分类那样简单、明确。下面介绍一些通用的分类。

（1）按缆芯结构划分：中心管式光缆、层绞式光缆、骨架式光缆和带状光缆。

中心管式光缆是指将光纤/光纤束/光纤带无绞合直接放到光缆中心位置制成的光缆。其特点是对光纤有很好的保护作用、体积小、重量轻、成本低、制造容易，适宜架空敷设，也可用于管道或直埋敷设，如图 1-9 所示。

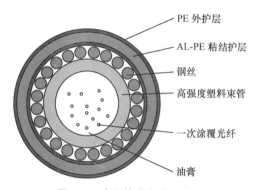

图 1-9　中心管式光缆结构图

层绞式光缆是将几根至几十根或更多根光纤或光纤带子单元围绕中心加强件，螺旋绞合（S 绞或 SZ 绞）成一层或几层的光缆。其特点是结构稳定、制造工艺简单、成缆费用低、接续工序少，适宜于直埋、管道敷设，也可用于架空敷设，如图 1-10 所示。

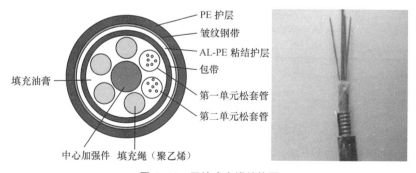

图 1-10　层绞式光缆结构图

骨架式光缆是将光纤或光纤带经螺旋绞合置于塑料骨架槽中构成的光缆。其特点是对光纤有良好的保护作用、耐压性能好、可制成大芯数光缆,如图 1-11 所示。

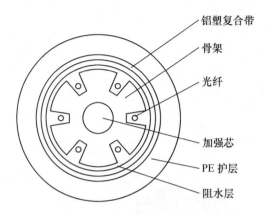

铝塑复合带
骨架
光纤
加强芯
PE 护层
阻水层

图 1-11　骨架式光缆结构图

带状结构光缆可容纳大量的光纤,实现多芯光纤一次连接。通常带状光缆分两类结构形式:一是束管式,束管式带状光缆又分中心束管式及层绞式两类;二是骨架式,骨架式带状光缆也有单骨架及复合骨架多种结构形式。带状光缆结构如图 1-12 所示。

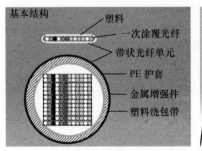

（a）束管式带状光缆结构图　　　　　（b）骨架式带状光缆结构图

图 1-12　带状光缆结构图

（2）按线路敷设方式划分:架空光缆、管道光缆、直埋光缆、隧道光缆和水底光缆,如图 1-13 所示。

架空光缆是指光缆线路经过地形陡峭、跨越江河等特殊地形条件和城市市区无法直埋及赔偿昂贵的地段时,借助吊挂钢索或自身具有的抗拉元件悬挂在已有的电线杆、塔上的光缆。

管道光缆是指在城市光缆环路、人口稠密场所和横穿马路时，穿入用作保护的聚乙烯管内的光缆。

直埋光缆是指光缆线路经过田野、戈壁时，直接埋入规定深度和宽度的缆沟的光缆。

水底光缆是指穿越江河湖海水底的光缆。

（a）架空光缆线路　　　　　（b）直埋光缆线路　　　　　（c）管道光缆线路

图 1-13　常用光缆敷设方式

（3）按网络层次划分：干线光缆、核心层 / 汇聚层光缆、接入网光缆、驻地网光缆。

干线光缆：为省与省之间连接的一干光缆，省公司与各分公司直接连接的二干光缆。

核心层 / 汇聚层光缆：分公司各核心或汇聚局站之间连接的光缆。

接入网光缆：分公司各基站站点之间的接入层光缆。

驻地网光缆：主要指家客、集客及政企专线覆盖光缆。

3. 光缆型号命名方法

光缆型号由光缆型式、规格和特殊性能标识（可缺省）三大部分组成，型式代号、规格代号和特殊性能标识（可缺省）之间应空一个格，如图 1-14 所示。

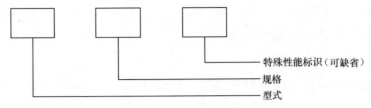

特殊性能标识（可缺省）

规格

型式

图1-14 光缆型号组成的格式

（1）光缆型式由5个部分组成，各部分均用代号表示，如图1-15所示，其中，结构特征指缆芯结构和光缆派生结构特征。

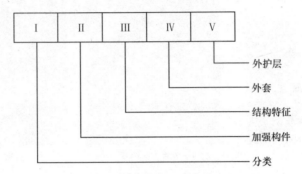

外护层

外套

结构特征

加强构件

分类

图1-15 光缆型式的构成

① 分类的代号及含义。

室外型：GY——通信用室（野）外光缆

GYW——通信用微型室外光缆

GYC——通信用气吹布放微型室外光缆

GYL——通信用室外路面微槽敷设光缆

GYP——通信用室外防鼠啮排水管道光缆

室内型：GJ——通信用室（局）内光缆

GJC——通信用气吹布放微型室内光缆

GJX——通信用室内蝶形引入光缆

室内外型：GJY——通信用室内外光缆

GJYX——通信用室内外蝶形引入光缆

其他类型：GH——通信用海底光缆

GM——通信用移动式光缆

　　　　　GS——通信用设备光缆

　　　　　GT——通信用特殊光缆

对于其他行业光缆，可在"G"前加相应的代号，如煤矿用通信光缆的代号为 MG。

② 加强构件的代号及含义。

　　　　无符号——金属加强构件

　　　　F——非金属加强构件

③ 缆芯和光缆的派生结构特征的代号及含义。

　　　　缆芯光纤结构：无符号——分立式光纤结构

　　　　　　　　　　D——光纤带结构

　　　　二次被覆结构：无符号——光纤松套被覆结构或无被覆结构

　　　　　　　　　　J——光纤紧套被覆结构

　　　　　　　　　　S——光纤束结构

　　　　松套管材料：无符号——塑料松套管或无松套管

　　　　　　　　　　M——金属松套管

　　　　缆芯结构：无符号——层绞结构

　　　　　　　　　G——骨架槽结构

　　　　　　　　　X——中心管结构

　　　　阻水结构特征：无符号——全干式或半干式

　　　　　　　　　　T——填充式

　　　　承载结构：无符号——非自承式结构

　　　　　　　　　C——自承式结构

　　　　吊线材料：无符号——金属加强吊线或无吊线

　　　　　　　　　F——非金属加强吊线

　　　　截面形状：无符号——圆形

　　　　　　　　8——"8"字形状

　　　　　　　　B——扁平形状

　　　　　　　　E——椭圆形状

④ 护套的代号及含义。

护套阻燃代号：无符号——非阻燃材料护套

　　　　　　　Z——阻燃材料护套

护套材料和结构代号：Y——聚乙烯护套

　　　　　　　V——聚氯乙烯护套

　　　　　　　U——聚氨酯护套

　　　　　　　H——低烟无卤护套

　　　　　　　A——铝 - 聚乙烯粘接护套（简称 A 护套）

　　　　　　　S——钢 - 聚乙烯粘接护套（简称 S 护套）

　　　　　　　F——非金属纤维增强 - 聚乙烯粘接护套（简称 F 护套）

　　　　　　　W——夹带钢丝的钢-聚乙烯粘接护套（简称F护套）

　　　　　　　L——铝护套

　　　　　　　G——钢护套

V、U 和 H 护套具有阻燃特性，不必在前面加 Z。

⑤ 外护层的代号及含义。

垫层：不需要表示

铠装层：见表 1-2

表 1-2　铠装层的代号及含义

代号	含义
0 或（无符号）[1]	无铠装层
1	钢管
2	绕包双钢带
3	单细圆钢丝[2]
33	双细圆钢丝[2]
4	单粗圆钢丝[2]
44	双粗圆钢丝[2]
5	皱纹钢带
6	非金属丝
7	非金属带

注：1.当光缆有外被层时，用代号"0"表示"无铠装层"；光缆无外被层时，用代号"（无符号）"表示"无铠装层。"

2.细圆钢丝的直径＜3.0mm；粗圆钢丝的直径≥3.0mm。

外被层的代号及含义见表1-3

表1-3　外被层的代号及含义

代号	含义
（无符号）	无外被层
1	纤维外被
2	聚氯乙烯套
3	聚乙烯套
4	聚乙烯套加覆尼龙套
5	聚乙烯保护管
6	阻燃聚乙烯套
7	尼龙套加覆聚乙烯套

（2）光缆规格由光纤、通信线和馈电线的有关规格构成，如图1-16所示。光纤、通信线以及馈电线的规格之间用"+"号隔开。通信线和馈电线可以全部或部分缺省。

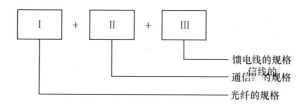

图1-16　光缆规格的构成

① 光纤的规格由光纤数和光纤类别组成。当同一根光缆中含有两种或两种以上规格（光纤数和类别）的光纤时，中间应用"+"号连接。光纤数的代号用光缆中同类别光纤的实际有效数目的数字表示。光纤类别应用光纤产品的分类代号表示，即用大写字母 A 表示多模光纤，用大写字母 B 表示单模光纤，再以数字和小写字母表示不同类型光纤。具体的光纤类别代号应符合 GB/T 12357 以及 GB/T 9771 中的规定。多模光纤的分类代号见表1-4，单模光纤的分类代号见表1-5。

表 1-4　多模光纤的分类代号

分类代号	特性	纤芯直径（μm）	包层直径（μm）	材料
A1a.1	渐变折射率	50	125	二氧化硅
A1a.2	渐变折射率	50	125	二氧化硅
A1a.3	渐变折射率	50	125	二氧化硅
A1b	渐变折射率	62.5	125	二氧化硅
A1d	渐变折射率	100	140	二氧化硅
A2a	突变折射率	100	140	二氧化硅
A2b	突变折射率	200	240	二氧化硅
A2c	突变折射率	200	280	二氧化硅
A3a	突变折射率	200	300	二氧化硅芯塑料包层
A3b	突变折射率	200	380	二氧化硅芯塑料包层
A3c	突变折射率	200	230	二氧化硅芯塑料包层
A4a	突变折射率	965~985	1000	塑料
A4b	突变折射率	715~735	750	塑料
A4c	突变折射率	465~485	500	塑料
A4d	突变折射率	965~985	1000	塑料
A4e	渐变或多阶折射率	≥ 500	750	塑料
A4f	渐变折射率	200	490	塑料
A4g	渐变折射率	120	490	塑料
A4h	渐变折射率	62.5	245	塑料

表 1-5　单模光纤的分类代号

分类代号	名称	ITU 分类代号
B1.1	非色散位移光纤	G.652.A，B
B1.2	截止波长位移光纤	G.654
B1.3	波长段扩展的非色散位移光纤	G.652.C，D
B2	色散位移光纤	G.653
B4a		G.655.A
B4b	非零色散位移光纤	G.655.B
B4c		G.655.C

续表

分类代号	名称	ITU 分类代号
B4d	非零色散位移光纤	G.655.D
B4e		G.655.E
B5	宽波长段光传输用非零色散光纤	G.656
B6a1	接入网用弯曲损耗不敏感光纤	G.657.A1
B6a2		G.657.A2
B6b2		G.657.B2
B6b3		G.657.B3

② 通信线规格的构成应符合 YD/T 322-1996 中的规定。

③ 馈电线规格的构成应符合 YD/T 1173-2010 中的规定。

（3）特殊性能标识。对于光缆的某些特殊性能可加相应标识。

4. 典型光缆命名示例

GYTS-24B1.3：通信用室（野）外光缆，金属加强构件，填充式结构，钢－聚乙烯粘结护套，内含 24 芯 G.652 纤芯，如图 1-17 所示。

GYFY-24B1.3：通信用室（野）外光缆，非金属加强构件，填充式层绞结构，聚乙烯粘结护套，内含 24 芯 G.652 纤芯，如图 1-18 所示。

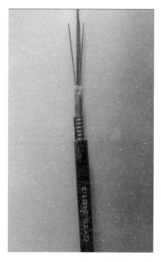
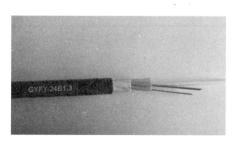

图 1-17　GYTS-24B1.3 光缆示意图　　图 1-18　GYFY-24B1.3 光缆示意图

GYTA53-24B4：通信用室（野）外光缆，金属加强构件，填充式层绞结构，铝－聚乙烯粘结护套，单钢带皱纹纵包式铠装、聚乙烯外护套，内含 24 芯 G.655 纤芯，如图 1-19 所示。

图 1-19　GYTA53-24B4 光缆示意图

5. 成品光缆外护套标识

（1）制造厂商名称或注册商标。

（2）制造年份。

（3）光缆主要代号、光纤类型及纤数。

（4）间隔为 1m 的尺码带。

（5）用户名称或标识。

成品光缆外护套标识示意图如图 1-20 所示。

图 1-20　成品光缆外护套标识示意图

6. 光缆端别的识别

光缆中光纤单元、单元内光纤，采用全色谱或领示色谱来识别光缆的端别与光纤序号。在日常维护过程中，必须首先注意光缆的端别和了解光纤纤序的排列。由于各个地区的产品的色谱排列和标志色不完全一致，所以在施工中主要按照厂家的规定识别光缆的端别和纤序，如果厂家没有规定，则按照以下要求进行识别。光纤使用二氧化硅为原料，它的颜色是透明的，即"本色"，着色主要是为了区分光纤、增加光纤的抗拉强度。

（1）松套管为全色谱时，全色谱排列顺序为蓝、橙、绿、棕、灰、白、红、黑、黄、紫、粉红、浅蓝（本色），面对光缆截面，由蓝管开始，按照全色谱的顺序，顺时针为 A 端，逆时针为 B 端，如图 1-21 和图 1-22 所示。

（2）松套管为领示色谱时，领示色谱排列顺序为红（蓝）、白、白……白、白、绿（黄），面对光缆截面，由领示光纤（或导电线填充线）开始，根据红头绿尾（或蓝头黄尾）的顺序，顺时针为 A 端，逆时针为 B 端。

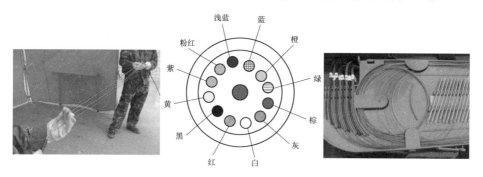

图 1-21　光缆端别（全色谱）示意图

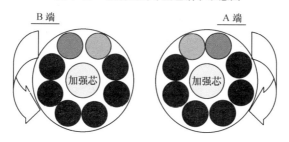

图 1-22　光缆端别（领示色谱）示意图

1.1.3　光纤接入设备

1. 光纤跳线

单芯跳线光缆的外径一般为 2.8～3.0mm 或 1.8～2.0mm。单模室内缆外护套颜色通常为黄色（G.655 跳纤外护套为蓝色），多模室内缆外护套颜色通常为橙色，如图 1-23 所示。

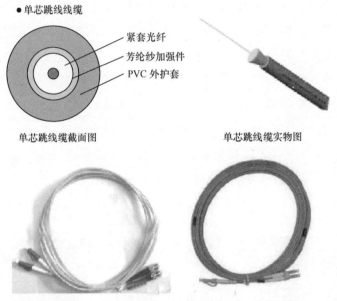

● 单芯跳线线缆

紧套光纤
芳纶纱加强件
PVC 外护套

单芯跳线缆截面图   单芯跳线缆实物图

图 1-23　常见跳线示意图

2. 光纤连接器

光纤连接器实现光纤与器件、设备之间，设备和仪表之间或线路与测试仪表之间高质量的活动连接。

光连接器的要求：（1）低插损，小于 0.3dB；（2）高回损，大于 50dB；（3）重复性、互换性好，插入损耗的变化范围小于 0.1dB；（4）插拔寿命长，大于 1000 次；（5）价格低。

常用光纤连接器类型如图 1-24 所示

FC 圆形带螺纹：主要用于配线架上。

SC 卡接式方形：主要用于路由器交换机、ONU 上。

LC 接头：与 SC 接头形状相似，较 SC 小，主要用于设备侧光接口。

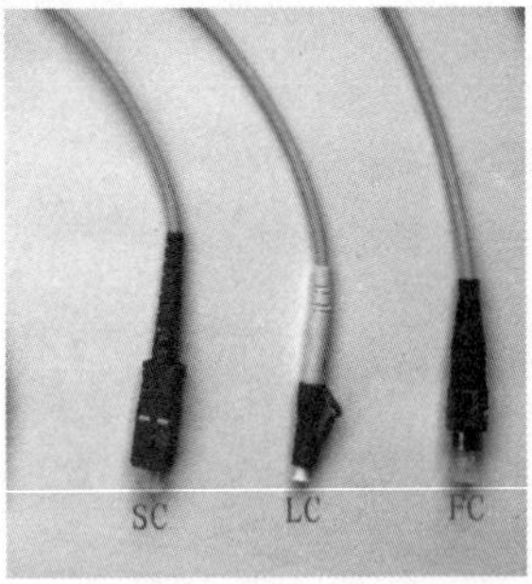

图 1-24　常见光纤连接器示意图

3. 常见端面接触形式

光纤连接器端面连接方式如图 1-25 所示。

FC 型：其接头的对接方式为平面对接。优点是加工简单、成本低；缺点是存在菲涅尔反射。

PC 型：是 FC 型的改进型，其对接面由平面变为拱形凸面，是我国最通用的规格。其减少了菲涅尔反射，反射损耗系数可达 48dB。

APC 型：光纤端面是球面，端面法线与轴线成一定角度，使光难以返回光源，反射损耗系数达 55dB。

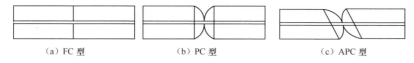

（a）FC 型　　　　　　（b）PC 型　　　　　　（c）APC 型

图 1-25　光纤连接器端面连接方式

4. 常见光纤跳线类型及适配器

在日常维护中最常用的是 FC 系列的连接器，它是传输系统中采用的主要型号。SC 型连接器是光纤局域网、CATV 和用户网采用的连接器的主要型号。ST 型连接器也有一定数量的应用，主要用于设备侧。常用的连接器有 FC-SC 型、FC-LC 型、FC-FC 型，如图 1-26 所示。

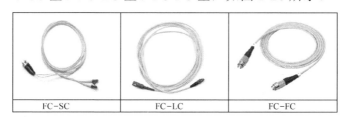

图 1-26　常见光纤跳线类型

相应地，常见光纤适配器也有如图 1-27 所示的 3 种类型。

（a）FC/PC 型光纤适配器　（b）FC/FC 型光纤适配器　（c）ST/ST 型光纤适配器

图 1-27　常见光纤适配器

5.光纤接入设备使用注意事项

（1）光纤连接器插针针体要保持清洁，不使用时一定要戴好护帽。

（2）光纤连接器的纤缆部分禁止直角和锐角弯折，严禁受重物挤压，不能使用纤体有折痕、压痕、破损的连接器，纤体的盘绕半径要大于30mm。

（3）不要用眼直视一端已与光设备连接的光纤连接器端面，否则会对视力造成伤害。

（4）在光纤连接时一定要注意光纤连接头的匹配。

（5）光纤连接器在与法兰盘对接时，定位销一定要对准法兰盘凹槽。

1.2 传输光缆网结构基础

光缆网是连接传送网节点的光纤通道的物理路由，由长途光缆、城域光缆组成，其分层结构与系统网络的对应关系如图1-28所示。

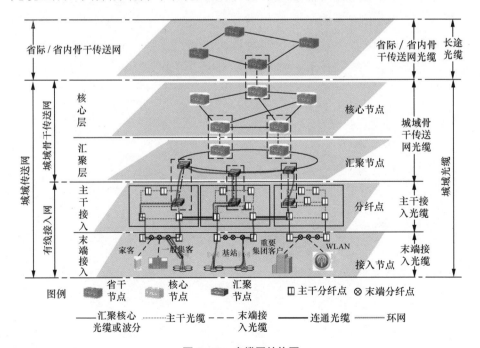

图1-28 光缆网结构图

1. 长途光缆

长途光缆是连接长途节点之间的光缆资源，光缆段落较长，主要承载 OTN/WDM、PTN 系统，分为省际骨干传送网光缆和省内骨干传送网光缆。

2. 城域光缆

城域光缆是城域范围内连接核心节点、汇聚节点、接入节点及用户终端之间的光缆资源，提供业务节点之间、业务节点与用户终端之间的光纤通道，城域光缆分为城域骨干传送网光缆和有线接入网光缆。

（1）城域骨干传送网光缆。

城域骨干传送网光缆主要是核心节点之间、核心节点与汇聚节点之间及汇聚节点之间的光缆，分为核心层光缆和汇聚层光缆，如图 1-29 所示。

① 核心层光缆连接城域核心节点，应主要采用节点直连方式建设，形成网状结构。

② 汇聚层光缆连接城域核心节点和汇聚节点、汇聚节点与汇聚节点，节点间应主要采用直连方式建设，为汇聚层传送网系统提供光纤资源。

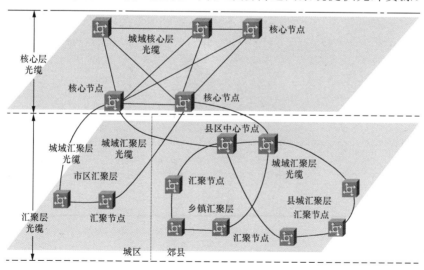

图 1-29 城域骨干传送光缆网结构

（2）有线接入网光缆。

有线接入网光缆是连接汇聚节点与基站、WLAN 热点、集团客户、家庭客户等节点之间的光缆资源，可分为主干接入光缆、末端接入光缆和引入光缆，结构示意图如图 1-30 所示。

    ① 主干接入光缆：是汇聚节点与主干分纤点之间，或主干分纤点之间的光缆。

    ② 末端接入光缆：是主干分纤点至末端分纤点，或末端分纤点之间的光缆。

    ③引入光缆：由末端分纤点至建筑红线内用户接入点的光缆资源组成。

    ④ 联络光缆：指相邻综合业务接入区主干分纤点之间、主干分纤点与基站节点之间的光缆。

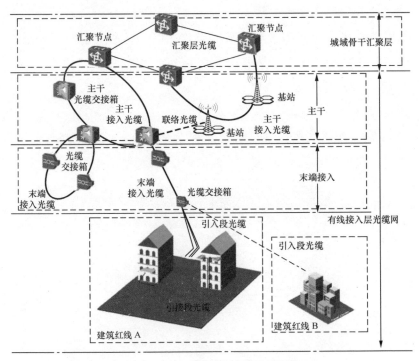

图 1-30　有线接入光缆网结构

1.3　传输线路设备基础

以上主要介绍了光纤和光缆的基础知识，下面给大家介绍传输线路设备的基础知识，包括机房内线路设备和机房外线路设备。

1.3.1 机房内线路设备

1.核心汇聚机房内线路设备

核心汇聚机房是用于单个或多个汇聚环业务收敛并实现与核心节点互联的机房，核心汇聚机房内主要包括传输设备、动力设备和线路设备，如图 1-31 所示。汇聚层机房传输连接方式如图 1-32 所示。

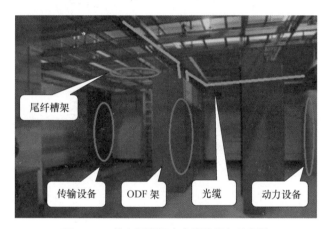

图 1-31　核心汇聚机房内线路设备示意图

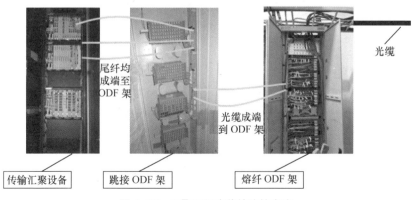

图 1-32　汇聚层机房传输连接方式

线路设备主要包括光缆、ODF 架、法兰盘（成端）。ODF 及法兰盘示意图如图 1-33 所示。

（1）光缆：核心汇聚层光缆、用户光缆网主干光缆等。

（2）ODF 架：分为跳接 ODF 架和熔纤 ODF 架，跳接 ODF 架主要用于设备侧尾纤跳接，熔纤 ODF 架主用于光缆成端、跳纤。

（3）法兰盘：用于光缆成端、跳纤，包括盘体、光纤、光纤适配器。

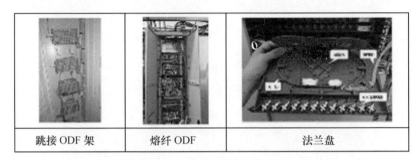

| 跳接 ODF 架 | 熔纤 ODF | 法兰盘 |

图 1-33　ODF 及法兰盘示意图

2. 接入机房内线路设备

为了节省管线资源，针对综合业务接入区内的特定区域的（如大型社区、高校等）宽带集客业务的汇聚和疏导而设置的机房。机房内主要包括传输设备、基站设备、动力设备和线路设备。接入机房内线路设备示意图以及传输联通方式如图 1-34 和图 1-35 所示。

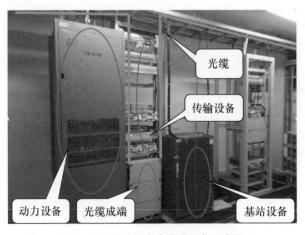

图 1-34　接入机房内线路设备示意图

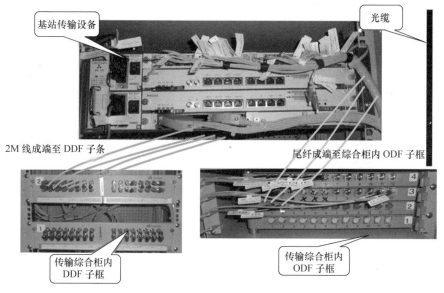

图 1-35 接入机房内传输联通方式

线路设备主要包括光缆、法兰盘（成端）。光缆成端示意图如图 1-36 所示。

（1）光缆：接入层光缆、专线光缆等光缆。

（2）ODF 子框：位于基站综合架的下部，主要用于光缆成端，跳纤。

（3）法兰盘：用于光缆成端、跳纤，包括盘体、光纤、光纤适配器。

图 1-36 接入机房内光缆成端示意图

1.3.2 机房外线路设备

1. 杆路设备介绍

杆路设备包括电杆、线材、杆路铁件、宣传警示保护部件等。

（1）电杆：通信用电杆分为水泥杆和木杆，如图 1-37 所示。目前我们经常使用的是水泥杆，高度为 7～12m。日常维护中，农田中使用 7～8m 杆，跨路时根据道路两侧落差使用 9～12m 杆，确保电杆跨路高度符合行业及企业标准。

| 水泥杆 | 木杆 |

图 1-37　电杆示意图

（2）杆路线材：镀锌钢绞线、镀锌铁丝。

① 镀锌钢绞线。

镀锌钢绞线的规格有 7/2.2mm、7/2.6mm、7/3.0mm，镀锌钢绞线主要用于吊线、拉线制作。吊线的作用为连接两个相邻电杆的承载通道，日常维护中，架空线路的吊线采用规格为 7/2.2mm 的镀锌钢绞线。在敷设钢丝铠装光缆或在重负荷区内敷设架空光缆的吊线采用规格为 7/2.6mm 的镀锌钢绞线。负荷区划分及吊线规格尺寸分别如表 1-6 和表 1-7 所示。

表 1-6　负荷区划分表

气象条件	负荷区			
	轻负荷区	中负荷区	重负荷区	超重负荷区
导线上冰凌等效厚度（mm）	≤ 5	≤ 10	≤ 15	≤ 20
结冰时温度（℃）	−5	−5	−5	−5
结冰时最大风速（m/s）	10	10	10	10
无冰时最大风速（m/s）	25	—	—	—

表 1-7 吊线规格尺寸

负荷区别	杆距 L (m)	电（光）缆重量 (kg/m)	吊线规格 线径 × 股数（mm）
轻负荷区	$L \leqslant 45$	$W \leqslant 2.11$	7/2.2
	$45 < L \leqslant 60$	$W \leqslant 1.46$	
	$L \leqslant 45$	$2.11 < W \leqslant 3.02$	7/2.6
	$45 < L \leqslant 60$	$1.46 \leqslant W \leqslant 2.182$	
	$L \leqslant 45$	$3.02 < W \leqslant 4.15$	7/3.0
	$45 < L \leqslant 60$	$2.182 < W \leqslant 3.02$	
中负荷区	$L \leqslant 40$	$W \leqslant 1.82$	7/2.2
	$40 < L \leqslant 55$	$W \leqslant 1.224$	
	$L \leqslant 40$	$1.82 \leqslant W \leqslant 3.02$	7/2.6
	$40 < L \leqslant 55$	$1.224 \leqslant W \leqslant 1.82$	
	$L \leqslant 40$	$3.02 < W \leqslant 4.15$	7/3.0
	$40 < L \leqslant 55$	$1.82 < W \leqslant 2.98$	
重负荷区	$L \leqslant 35$	$W \leqslant 1.46$	7/2.2
	$35 < L \leqslant 50$	$W \leqslant 0.574$	
	$L \leqslant 35$	$1.46 < W \leqslant 2.52$	7/2.6
	$35 < L \leqslant 50$	$0.574 < W \leqslant 1.224$	
	$L \leqslant 35$	$2.52 < W \leqslant 3.98$	7/3.0

拉线的作用是为了平衡电杆各方面的作用力并抵抗风压，防止电杆倾倒。日常维护中，架空线路拉线采用规格为 7/2.6mm 的镀锌钢绞线，在敷设钢丝铠装光缆或在重负荷区内拉线采用规格为 7/3.0mm 的镀锌钢绞线，正常的拉线使用程式要比吊线高一级。靠近电力设施及闹市区的拉线应根据设计规定加装绝缘子。绝缘子朝上的拉线上部长度应适当，但绝缘子距地面的垂直距离应在 2m 以上。拉线绝缘子的扎固规格应符合图 1-38 的要求。

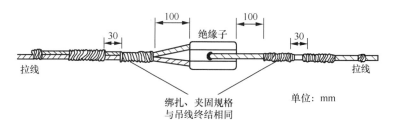

图 1-38 拉线绝缘子的扎固示意图

常用的拉线形式有普通拉线、防风拉线、四方拉线、高桩拉线、吊板拉线，如图 1-39 所示。

● 普通拉线：用于终端杆、转角杆和耐张杆处，起平衡拉力的作用。

● 防风拉线：装于直线杆两侧，每8档电杆加设一处防风拉线，用以增强电杆的抗风能力。

● 四方拉线：装于直线杆，每32档电杆加设一处四方拉线，在电杆四周拉线，用以增强杆的稳定性。

● 高桩拉线：是在道路边立一根拉线杆，在此杆上做一条过道拉线，必须保持一定高度，不影响交通。高桩拉线是由高桩正副拉线组成，正拉线距地面不得小于5m。

● 吊板拉线：应在单方拉线无法设置时使用，不得在角拉线、终端拉线受力很大时使用。

普通拉线	普通拉线（终端杆）	防风拉线
四方拉线	高桩拉线	吊板拉线

图 1-39　各类拉线示意图

② 镀锌铁丝。

镀锌铁丝型号有 $\phi1.5mm$、$\phi3.0mm$、$\phi4.0mm$，主要用于捆扎制作拉

线上把、中把和下把，固定引上等。如图 1-40 所示为镀锌铁丝示意图。

- ϕ1.5mm 铁丝主要用于光缆预留绑扎和软吊线路绑扎。
- ϕ3.0mm 铁丝主要用于新设拉线上把、中把和下把固定以及钢绞线接续。
- ϕ4.0mm 铁丝主要用于引上钢管捆扎固定和临时软吊。

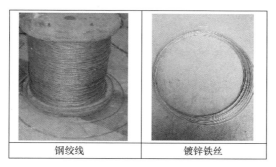

图 1-40　镀锌铁丝示意图

（3）杆路铁件。

杆路铁件包括抱箍（吊线、拉线）、三眼单（双）槽夹板、地锚铁柄（带垫片）、拉线衬环、挂钩、地线棒（地线夹板）、镀锌钢管、光缆盘留架、升高线担、终端拉攀、钢绞线卡子、突出支架，如图 1-41 所示。

① 抱箍（吊线、拉线）：用一种材料抱住或箍住另外一种材料的铁构件，属于紧固件，通信线路常用的为吊线抱箍和拉线抱箍，前者固定吊线，后者固定线杆的拉线。线路施工常用的型号为 D164（其中数字代表直径），特殊的 12m 杆使用 D184。

② 三眼单槽夹板：用来固定电杆上的钢绞线。

③ 三眼双槽夹板：用来收紧钢绞线或接续钢绞线，主要用于拉线上把、中把。

④ 地锚铁柄（带垫片）和地锚块：主要用于制作拉线地锚，拉线地锚是用来平衡拉力的杆路的重要设施。地锚铁柄的规格型号有 ϕ16mm×2100mm、ϕ19mm×2400mm，地锚块为水泥块。

⑤ 拉线衬环：衬环的规格型号分为 3 股、5 股，主要用于制作拉线上把、中把，以及吊线接续处。

⑥ 挂钩：安装在吊线处用于承托光缆，挂钩的程式根据其承托的光缆外径选定，具体挂钩的程式可按表 1-8 选用。

表 1-8 挂钩程式选择表

挂钩程式	光缆外径（cm）
65	＞ 32
55	25～32
45	19～24
35	13～18
25	＜ 12

⑦地线棒（地线夹板）：起到传导电流的作用，地线棒的规格型号、长度（$\phi12\text{mm}\times1000\text{mm}$）。

⑧镀锌钢管：规格有 $\phi100\text{mm}$、$\phi80\text{mm}$、$\phi50\text{mm}$ 等，主要用于杆路引上保护光缆。

⑨光缆盘余留架：主要用于固定光缆预留，日常维护中预留主要设在穿越河流、公路、跨越桥梁的位置。

⑩升高线担：用于现有杆路高度不够，因现场不具备更换高杆（无法协调等原因）时临时升高杆路的装置，在日常维护中，常用线担的规格有 1.8m 和 2.1m。

⑪终端拉攀：固定于墙或其他物体上起紧拉钢绞线的作用。

⑫钢绞线卡子：用于固定钢绞线。

⑬突出支架：固定于墙或其他物体上起支撑钢绞线的作用。

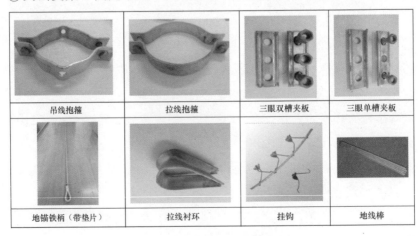

吊线抱箍	拉线抱箍	三眼双槽夹板	三眼单槽夹板
地锚铁柄（带垫片）	拉线衬环	挂钩	地线棒

图 1-41 杆路铁件示意图

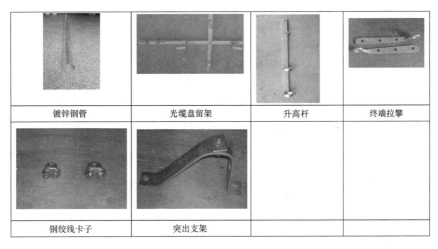

镀锌钢管	光缆盘留架	升高杆	终端拉攀
钢绞线卡子	突出支架		

图 1-41 杆路铁件示意图（续）

（4）宣传警示保护部件。

宣传警示保护部件包括跨路警示管、跨路警示牌、拉线警示管、三线交越保护管、过杆保护管、架空宣传牌、光缆标示牌、杆号牌，如图 1-42 所示。

① 跨路警示管、跨路警示牌：安装在跨路杆路段吊线上，作为一种警示，提醒过往车辆注意线路高度，起到保护杆路的作用。

② 拉线警示管：装在地锚和拉线上面，起到警示作用，以防止线路遭到破坏。

③ 三线交越保护管：在与电力线、广播线交越时，要采用三线防护绝缘夹板进行防护，防护长度应超出两边交越边缘各 1～2m。

④ 过杆保护管：光缆过每根电杆处的微缩弯都采用光缆过杆保护管保护，长度为 0.6m，过杆保护管不得绑扎。一般重负荷区、超重负荷区要求每根杆上都进行"Ω"余留；中负荷区 2～3 档进行一处余留；轻负荷区 3～5 档进行一处余留。

⑤ 架空宣传牌：装在路口、村镇附近的电杆上，起到护线宣传的作用。

⑥ 光缆标示牌：安装在光缆上，用于标示光缆施工单位、光缆走向、光缆型号，起到辨别光缆的作用。

⑦ 杆号牌：标示电杆号，可拆卸。

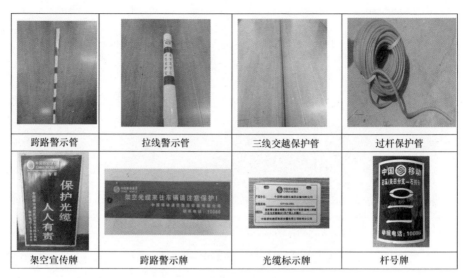

图 1-42　宣传警示保护部件示意图

2.杆路施工流程及杆路材料应用场景

在了解了杆路相关设备的知识后，图 1-43 重点通过杆路施工流程，将这些设备的应用串联起来，让大家加深印象。

图 1-43　杆路施工流程示意图

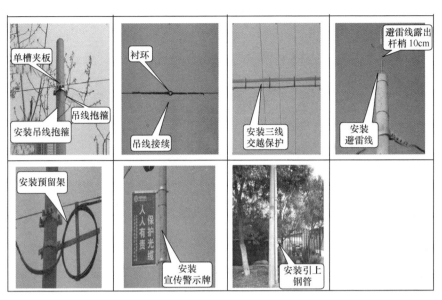

图 1-43　杆路施工流程示意图（续）

3. 管道设备介绍

管道设备包括管材、人手孔设施、宣传保护设施等。

（1）管材：主要包括 PE 管、PVC 管、硅芯管、多孔梅花管、钢管等，如图 1-44 所示。

① PE 管：（规格为 $\phi116/100\text{mm}$），主要用于顶管。

② 单孔双壁（PVC）波纹管：其外径一般在 100～110mm（也可按需生产），单根长 6m，主要用于市区管道。

③ 硅芯管：规格一般为 $\phi40/33\text{mm}$，主要用于长途干线管道建设。

④ 多孔管：单孔内径一般在 25～32mm。管长一般在 6m 以上，主要用于市区管道，常用的为七孔梅花管。

⑤ 钢管：主要用于跨越桥梁的位置。

| PE 管 | 单孔双壁（PVC）波纹管 | 硅芯管 | 七孔梅花管 |

图 1-44　常见管材示意图

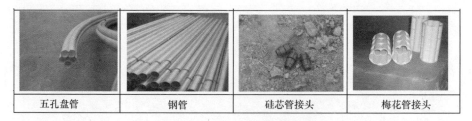

| 五孔盘管 | 钢管 | 硅芯管接头 | 梅花管接头 |

图 1-44　常见管材示意图（续）

（2）人手孔设施：人手孔有人井、人孔、手孔 3 种类型，如图 1-45 所示，包含井盖、井圈、人孔、上覆、托架、穿钉及积水罐。

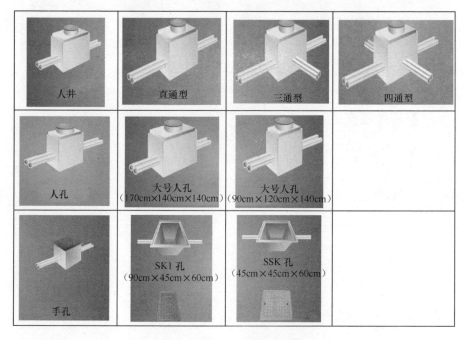

图 1-45　常见人手孔示意图

① 人井最大（施工人员可以站在人井内施工），主要用于通信主干管道上的中转点和中继点，例如，局前井、城市主干道两侧管道，包含直通型、三通型、四通型。

② 人孔比人井小（施工人员只能弯腰在人孔内施工），主要用于市政普通及乡村道路两侧管道，包含大号人孔和小号人孔。

③手孔最小，可以蹲或趴在井上用手直接施工，主要用于通信管线网络上的末梢节点，只能建在人行道和绿化带中。例如，小区管道、引上井等，包含 SK1 孔和 SSK 孔。

井盖、井圈：保护人井内的设施，避免异物进入人井内，根据材料分为铸铁井盖、球墨铸铁井盖、复合井盖；根据形状分为圆形井盖和方形井盖；根据施工场景分为市政管道井盖、长途硅管管道井盖，如图 1-46 所示。

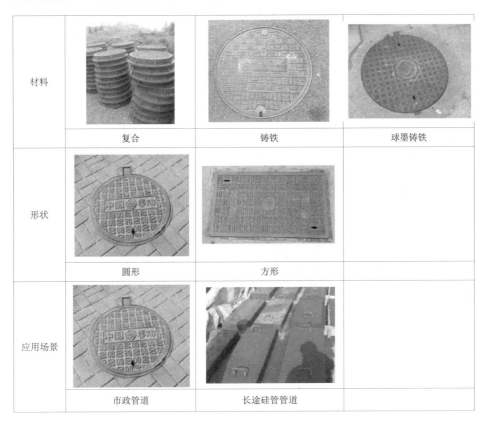

材料		
复合	铸铁	球墨铸铁
形状		
圆形	方形	
应用场景		
市政管道	长途硅管管道	

图 1-46　常见井盖示意图

人孔上覆、托架及穿孔、积水罐，如图 1-47 所示。

● 人孔上覆面板等，特殊情况下起保护母材（板）的作用。

● 托架及穿钉安装在井壁两侧，用于承托固定接头盒和光缆。

● 积水罐是一个塑料罐，起到蓄水的作用，便于抽取人井内的积水。

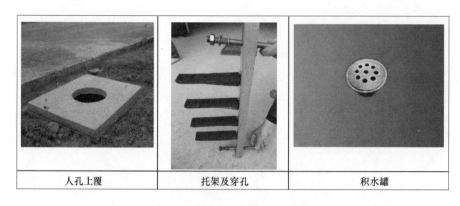

| 人孔上覆 | 托架及穿孔 | 积水罐 |

图 1-47　常见人井设施示意图

（3）宣传保护设施：主要包括标石、直埋宣传警示牌。

① 标石：标定光缆线路的走向、线路设施的具体位置，以供维护部门的日常维护和故障查修等。目前维护中，标石按材料分为水泥标石和塑钢标石，如图 1-48 所示。

| 塑钢标石 | 水泥标石 |

图 1-48　常见标石示意图（材质）

标石按长度分为短标石和长标石。短标石主要用于一般地区，规格为 100cm×14cm×14cm；长标石主要用于土质松软及斜坡地区，规格为 150cm×14cm×14cm。

标石按照使用用途分为普通接头标石〔直埋（硅管）光缆接头〕、监测标石（用于接头处便于后期测试）、转角标石（光缆拐弯点）、预留标石（光缆特殊预留点）、直线标石（穿越障碍物地点，直线段市区每隔 200m、郊区和长途每隔 250m 处均应设置普通标石)、障碍标石(发生光缆障碍的位置)、新增接头标石、新增直线标石,如图 1-49 所示。

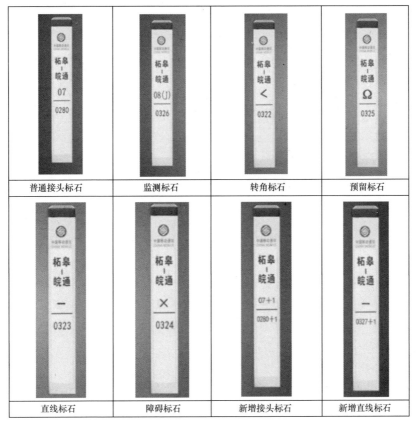

| 普通接头标石 | 监测标石 | 转角标石 | 预留标石 |
| 直线标石 | 障碍标石 | 新增接头标石 | 新增直线标石 |

图 1-49 常见标石示意图(用途)

② 直埋宣传警示牌:主要埋设在路口、河流、沟渠附近,起到护线宣传的作用,如图 1-50 所示。

4. 管道施工流程及管道设备应用场景

在了解了管道相关设备的知识后,图 1-51、图 1-52、图 1-53 重点通过城区管道、长途硅管、顶管的施工流程,将这些设备的应用串联起来,

图 1-50 宣传警示牌示意图

让大家加深印象。

（1）城区管道施工流程及所使用到的管道设备如图1-51所示。

图1-51　城区管道施工流程示意图

（2）长途硅管施工流程及所使用到的管道设备如图1-52所示。

图 1-52　长途硅管施工流程示意图

（3）顶管施工及所使用到的管道设备如图 1-53 所示。

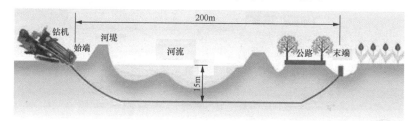

图 1-53　顶管施工示意图

5. 光缆接头盒

光缆接头盒是相邻光缆间提供光学、密封和机械强度连续性的接续保护装置，如图 1-54 所示，主要用于各种结构的光缆在架空、管道、直埋等敷设方式上的直通和分支连接。盒体采用增强塑料，强度高、耐腐蚀、结构成熟、密封可靠、施工方便。

光缆接头盒按外形结构分为帽式和卧式；按光缆敷设方式分为架空型、管道型和直埋型；按光缆连接方式分为直通接续型和分歧接续型；按密封方式分为热收缩密封型和机械密封型。

日常维护中，我们最常用的有两种光缆接头盒：一是两侧进出光缆的直线式接头盒，也称为卧式或哈夫式接头盒；二是同侧进出光缆的帽式接头盒。

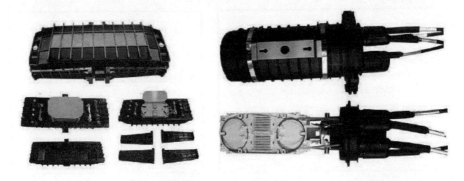

图 1-54　接头盒示意图

（1）直线式接头盒：由外壳、内部构件、密封元件和光纤接头保护件 4 个部分组成，如图 1-55 和图 1-56 所示。

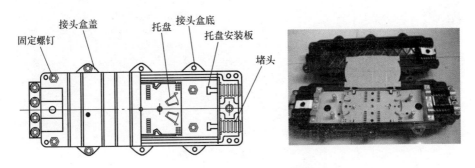

图 1-55　直线式接头盒示意图

① 外壳由高强度工程塑料注塑成形。

② 内部构件：基座、光纤收容盘、接地引出装置。

基座是内部构件的主体，用于内部结构的支撑。光纤收容盘用于有顺序地存放光纤接头（及其保护件）和余留光纤，可存放余留光纤的长度大于 1.6m，盘放的余留光纤的曲率半径大于 37.5mm，并有为重新接续方便操作的空间。接地引出装置用于将光缆中金属构件连通、接地或断开。

③ 密封元件：密封元件用于光缆接头盒本身及光缆接头盒与光缆护套之间的密封，不锈钢螺丝、密封胶带、密封堵头，通过机械方式密封。

④ 光纤接头保护件：光纤接头的保护采用热收缩保护管。

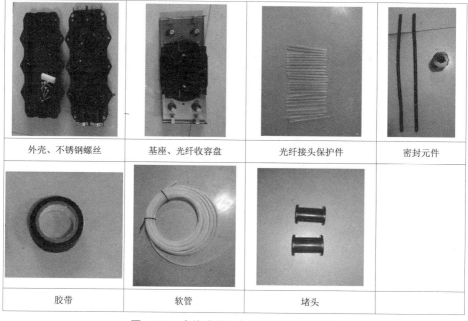

图 1-56　直线式接头盒各部分构件示意图

（2）帽式接头盒：由外壳、内部构件、密封元件和光纤接头保护件 4 个部分组成，如图 1-57 所示。

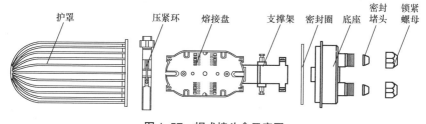

图 1-57　帽式接头盒示意图

① 外壳采用圆筒形结构，由高强度工程塑料注塑成形。

② 内部构件包括支撑架、光纤安放熔接装置、光缆固定装置。

③ 密封元件：密封圈、密封堵头，通过机械方式密封。

④ 光纤接头保护件：光纤接头的保护采用热收缩保护管、护夹。

（3）接头盒常见使用场景。

① 架空杆路：可以安装在电杆上或电杆旁的吊线上（1m 内），如图 1-58 所示。

图 1-58　架空杆路接头盒示意图

② 管道：管道光缆接头盒的位置应避开主要的路口，宜挂在人孔壁上或置于托板间，手孔内光缆接头盒应尽量放置在较高位置，避免雨季时人孔内积水浸泡，如图 1-59 所示。

图 1-59　管道接头盒示意图

③ 直埋：直埋接头盒的位置应避开河流、沟渠和地势不平坦的地方。

第2章

线路工程验收要点

光缆网络是否稳定安全，很大程度上取决于光缆线路施工是否规范、质量是否良好。通过严格把控工程验收、做好维护管理，部分运营商的光缆在网年限已达 20 年以上，仍能保持良好的性能。本章重点介绍光缆通信线路工程验收的重要管控环节。光缆通信线路的施工包括地下光缆沟的挖掘和地下管道的铺设、杆路架设；敷设架空光缆、直埋光缆、管道光缆、进局光缆和水底光缆；光缆接续、测试等。

验收条件及验收分类

    光缆线路工程验收方式根据工程的规模、施工项目的特点，一般可分为以下几种。

（1）随工验收。

（2）初步验收。

（3）竣工验收。

下面对各类验收方式的条件及具体内容进行介绍。

2.1.1 随工验收

    随工验收又称随工检验，光缆线路工程在施工过程中应有建设单位委托的监理或随工代表采取巡视、旁站等方式进行随工检验。随工验收应对工程的隐蔽部分边施工边验收，在竣工验收时一般不再对隐蔽工程进行复查，对隐蔽工程项目，应由监理或随工代表签署《隐蔽工程检验签证》。

1. 随工验收的条件

    随工验收前应准备好线路施工设计图、现场隐蔽项目清单等图纸方案材料，随工代表随工时应做好详细记录，质量监督员对随工代表有监督权。质量监督员对工程检查结果所形成的档案与随工记录应作为竣工资料的组成部分。

2. 随工验收的时间

    随工验收在光缆线路施工过程中进行。

3.随工验收的内容

在建设管理流程的整个建筑安装过程中，随工人员应参与从施工单位进场、开箱验货到竣工测试完成，具备初验条件的全过程，以便配合工程管理人员监督，确保工程质量。

对于隐蔽工程必须做到上道工序合格后才能进行下道工序。例如，缆沟深度及沟底被处理后，才能放缆。只有每道工序都能达到设计要求，才能提高单项工程质量。光缆质量随工检验项目表如表 2-1 所示。

表 2-1　光缆质量随工检验项目表

序号	项目	内容	检验方式
1	直埋光缆	（1）光缆规格、路由走向（位置）； （2）埋深及沟底处理； （3）光缆与其他地下设施间距； （4）引上管及引上光缆安装质量； （5）回填土夯实质量； （6）沟坎加固等保护措施； （7）防护设施规格、数量及安装质量； （8）光缆接头盒、套管的位置、深度； （9）标石埋设质量； （10）回填土质量	巡旁结合
2	管道光缆	（1）塑料子管规格、质量； （2）子管敷设、安装质量； （3）光缆规格、占孔位置； （4）光缆敷设、安装质量； （5）光缆接续、接头盒或套管安装质量； （6）人孔内光缆保护及标识吊牌	巡旁结合
3	架空光缆	（1）立杆洞深； （2）吊线、光缆规格、程式； （3）吊线安装质量； （4）光缆敷设、安装质量，包括垂度； （5）光缆接续、接头盒或套管安装及保护； （6）光缆杆等预留数量及安装质量； （7）光缆与其他设施间隔及防护措施； （8）光缆警示宣传牌安装	巡视抽查

序号	项目	内容	检验方式
4	水底光缆	（1）水底光缆规格及敷设位置、布放轨迹； （2）光缆水下埋深、保护措施质量； （3）光缆滩岸位置埋深及预留安装质量； （4）沟坎加固等保护措施； （5）水线标志牌安装数量及质量	旁站监理
5	局内光缆	（1）局内光缆规格、走向； （2）局内光缆布放安装质量； （3）光缆成端安装质量； （4）局内光缆标志； （5）光缆保护地安装	旁站监理

2.1.2 初步验收

一般大型工程分为单项工程进行，如光缆数字通信工程分为线路和设备两个单项，在完工后分别进行初验。光缆线路初验是对承建单位的线路部分施工质量进行全面系统的检查和评价，包括对工程设计质量的检查。对施工单位来说，初验合格，表明工程正式竣工。所以在初验时，应严格检查工程质量，审查竣工资料，分析投资效益，对发现的问题提出处理意见，并交相关责任单位落实解决。按照初验报告要求上报初验检查的质量指标（应附初验测试数据，通常由维护部门测试提供）与评定意见及对施工中重大质量事故处理后的审查意见。

1. 初步验收的条件

光缆线路工程初步验收应在施工完毕、自检及工程监理单位预检合格的基础上进行。

2. 初步验收的时间

（1）初步验收时间一般应在原定计划建设工期内进行。

（2）一般在完工后 3 个月内进行初步验收；干线光缆工程多数在冬季组织施工并在年底完工或基本完成（指光缆全部敷设完毕），次年三四月进行初验。

3. 初步验收的内容

初步验收工作可按安装工艺、电气特性和财务、物资、档案等小组分别对工程质量等进行全面的检验评议。验收小组审查隐蔽工程签证记录，可对部分隐蔽工程进行抽查。初验作为光缆线路工程完工后第一次整体验收总结，具有重要的意义。验收前需要做好人员组织以及资料准备工作，下面对初验的具体实施环节进行介绍。

（1）初步验收前准备工作。

① 路面检查。

光缆线路工程，由于环境条件复杂，尤其完工后，经过几个月的变化，总有些需要整理、加工的部位，以及施工中遗留或部分质量上有待进一步完善的地方。一般由原工地代表、维护人员进行路面检查，并及时出具检查报告送交施工单位，在初验前组织处理，达到规范设计的要求。

② 资料审查。

施工单位应及时提交竣工文件，由项目主管部门组织预审，如发现问题及时反馈施工单位处理。

（2）初步验收组织及验收流程。

初步验收由建设单位组织，设计、施工、维护等单位参加。一般的方法步骤如下。

① 成立验收领导小组。

验收领导小组负责验收会议的召开和推进验收工作的进行。

② 成立验收小组分项目验收。

验收内容包含安装工艺验收、各项性能测试、竣工资料验收（主要对施工单位提供的竣工技术文件进行全面的审查、评价）。

③ 具体检查。

具体检查由各组分别进行，施工单位应有熟悉工程情况的人员参与。

④ 提交检查意见。

各组按检查结果提交书面意见。

⑤ 组织验收讨论会议。

会议在各组介绍检查结果和讨论的基础上，对工程承建单位的施工质量做出实事求是的质量等级评价（一般分优良、合格、不合格 3 个等级）。

⑥ 通过初步验收报告。

⑦ 工程交接。

线路初验合格，标志着施工的正式结束，将由维护部门在质量保证期内按维护规程进行日常维护。交接具体内容包括以下几个方面。

● 材料移交。对于光缆、连接材料等工程余料，应列出明细清单经建设方清点接收，这部分工作一般于初验前已完成。

● 器材移交。包括施工单位代为检验、保管以及借用的测量仪表、机具及其他器材，应按设计配备数量和种类向产权单位移交。

● 遗留问题处理。对初验中遗留的一般问题，按相关会议纪要的解决意见，由施工及维护单位协同解决。

● 移交结束。完成相关交接手续的办理，进入运行维护阶段。

（3）初步验收涉及的相关文件、指标。

光缆线路工程项目初验环节，主要针对项目竣工技术文件、现场线路设备两方面进行检查。

① 竣工技术文件。

光缆线路工程初步验收前，应由施工单位负责编制竣工技术资料（一式 5 份），交监理单位、建设单位或验收小组审查。竣工资料以中继段为单位，按序分别编制。竣工技术资料应包括下列内容。

● 竣工图纸，可利用原有设计施工图改绘，其中变更部分应用红笔修改并标注清楚接头、障碍物等位置以及防护地段等，变动较大、更改后不清楚的部分，应重新绘制，竣工图必须加盖竣工图章。

● 竣工测试记录，包括光缆配盘图。

● 全部工程中的隐蔽工程签证。

● 其他资料，如设计变更通知，开、停、复、竣工报告，工程洽商纪要，已安装的设备清单，工程余料交接清单等有关工程资料。

② 现场设备线路检查：在审查竣工技术文件的基础上，需对施工现场线路设备的安装工艺、传输特性、光缆护层完整性、接地电阻进行验收。

光缆线路初步验收项目表见表 2-2。

表 2-2　光缆线路初步验收项目表

序号	项目	内容	检验方式
1	安装工艺	（1）路由走向及敷设位置； （2）埋式路段的保护及标石的安装位置、规格、面向等； （3）水底光缆的走向、安装质量、标识规格、位置； （4）架空光缆安装质量、接头盒及余留光缆安装，杆路与其他建筑物的间距及电杆避雷线安装等； （5）管道光缆安装质量、接头盒及余留光缆安装、光缆与子管的标识； （6）局内光缆走向、光缆预留长度、ODF 架安装质量、光缆标识； （7）ODF 架上光缆的接地	按 10% 左右的比例抽查
2	主要传输特性	（1）光纤平均接头衰耗及接头最大衰减值； （2）中继段光纤后向散射曲线检查； （3）光缆线路衰减（dB）及衰减系数（dB/km）； （4）偏振模色散（PMD）指标（按需）	按 10% 左右的比例抽查
3	光缆护层完整性	在对地绝缘监测装置的引线上（按需）测量金属护层对地绝缘电阻（埋式光缆）	按 15% 左右的比例抽查
4	接地电阻	（1）地线位置； （2）对地线电阻进行测量	地线按 15% 左右的比例抽查

2.1.3　竣工验收

工程竣工验收是基本建设的最后一个环节，对工程建设各环节的成果进行系统性查验，包括对设计方案、施工质量、项目管理的全面评估。

1. 竣工验收的条件

竣工验收应全面和系统。光缆线路在初步验收后的试运行期间要满足以下要求。

（1）光缆线路、设备安装等主要配套单项工程初验合格，在规定的试运行期间（一般为 6 个月），各项技术性能指标符合规范、设计要求。

（2）生产、辅助生产、生活用建筑等设施按设计要求已完成。

（3）技术文件、技术档案、竣工资料齐全完整。

（4）维护使用的仪表、工具、车辆和备件等，已按设计要求配齐。

（5）生产、维护、管理人员数量、素质能适应投产初期的需要。

（6）引进项目还应满足合同书的有关规定。

（7）工程竣工决算和工程总决算的编制及经济分析等资料准备就绪。

2. 竣工验收的时间

在工程试运行期结束后，建设单位结合系统的主要性能指标运行情况以及遗留问题的处理情况，组织设计、监理、施工和接收单位参会，对工程项目进行终验。

3. 竣工验收的内容

光缆线路项目的工程终验，应由竣工验收各参与单位组成竣工验收小组，对初步验收中遗留问题的处理情况进行抽检，对线路工程项目的质量及档案、投资结算等进行综合评价，并对工程设计、施工、监理以及相关管理部门的工作进行总结，给出书面评价，相关内容如表 2-3 所示。

表 2-3 光缆工程竣工验收项目表

序号	项目	内容
1	安装工艺	（1）管道光缆抽查的人孔数应不少于人孔总数的 10%； （2）人孔内：光缆盘留绑扎、挂放标识牌、接头盒固定、使用护缆塞、光缆保护等； （3）地下室：光缆盘留、爬梯和走线架绑扎、进线孔封堵、挂放标识牌等； （4）光缆成端：盘留、标识、接地、保护，满足尾纤安全要求等
2	光缆主要传输特性	（1）中继段光纤线路衰减应对每根光纤进行测试；验收时抽测应不少于光纤芯数的 25%； （2）每根光纤都检查中继段光纤后向散射信号曲线；验收时抽查应不少于光纤芯数的 25%； （3）接头损耗的核实，应根据测试结果结合光纤衰减检验； （4）每根光纤都应进行 PMD 链路值测试，验收时抽测应不少于光纤芯数的 25%（按需）

2.2 局内光缆验收

本节将介绍局站机房内部光缆线路的验收标准。局内光缆在室内敷设，光缆路由依次途经进线室、局内竖井、机房内部 3 个区域，以下将详细介绍这 3 处的验收要点。

2.2.1 进线室光缆验收

局站外部的光缆通过进线室汇集后再进入局站内部，进线室是室内和室外敷设光缆进行连接的重要区域，尤其对光缆进线封堵、绑扎排列有较高的要求。

1. 进线室入局管孔封堵

室内进线孔位置要按竣工图纸施工，验收时检查相应进线孔洞，封堵需由专业资质人员使用专用防火封堵材料进行双面封堵，主要作用为防水、防鼠，如图 2-1 所示。

图 2-1 进线室入局管孔封堵示意图

2. 进线室爬梯（或走线架）光缆敷设

如图 2-2 所示，进线室爬梯（或走线架）上的光缆排列及绑扎要整齐，严禁交越、重叠。

图 2-2　爬梯光缆敷设示意图

3. 进线室光缆盘留

如图 2-3 所示，进线室内余留光缆盘放需绑扎，排列整齐，并挂光缆标识牌。市级及以上局站需采用阻燃光缆，每端预留光缆 30m，县级及以下局站，管道光缆直接进局，用阻燃胶带保护，每端预留光缆 20m。

图 2-3　进线室光缆盘留示意图

4. 进线室光缆挂牌

如图 2-4 所示，进线室内光缆需在进线孔处、出线孔处、拐弯处及余留光缆上附挂光缆标识牌，光缆标识牌需标注光缆中继段、光缆类型、光缆芯数、竣工时间等信息。

图 2-4 拐弯处光缆标识牌附挂示意图

2.2.2 竖井光缆验收

竖井引上光缆是指从地下室（水平方向）引上到竖井（竖直方向）这一段路由敷设的光缆。在验收时重点关注竖井架上的光缆绑扎和进线封堵。

1. 竖井位置进线封堵

如图 2-5 所示，竖井位置敷设光缆时要按竣工图纸中的进线孔进线，敷设完成后要对竖井楼层间进线位置进行封堵，须由具有专业资质的人员使用专用防火封堵材料进行双面封堵。

图 2-5 竖井位置封堵示意图

2. 竖井内光缆敷设

如图 2-6 所示，竖井内光缆须排列及绑扎整齐，严禁交越、重叠，竖井内禁止盘放余留光缆。

图 2-6　竖井光缆敷设示意图

3. 竖井内光缆挂牌

如图 2-7 所示，同一楼层竖井内光缆的上端及下端须附挂光缆标识牌，竖井上端的光缆挂牌须距离楼层顶部封堵层 60～90cm，竖井下端的光缆挂牌须距离楼层底部封堵层 60～90cm。光缆标识牌须标注光缆中继段、光缆类型、光缆芯数、竣工时间等信息。

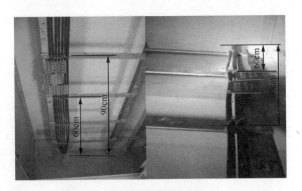

图 2-7　竖井光缆挂牌示意图

2.2.3　机房内部光缆验收

机房内部光缆验收时重点关注机房进线封堵、走线架排列绑扎、ODF

架光缆成端。

1. 机房内进线封堵

如图 2-8 所示,机房光缆进线须按竣工图纸进线孔的位置施工,光缆进入机房后要对进线孔进行封堵,须由具有专业资质的人员使用专用防火封堵材料进行双面封堵。

图 2-8　机房光缆进线封堵示意图

2. 机房走线架光缆敷设

如图 2-9 所示,机房走线架上的光缆须排列及绑扎整齐,严禁交越、重叠,机房内禁止盘放余留光缆。

图 2-9　走线架光缆敷设示意图

3.机房内光缆挂牌

（1）机房进线孔光缆挂牌。

如图 2-10 所示，机房内进线孔处的光缆须在距离机房墙面 30～90cm 处进行挂牌，光缆标识牌须标注光缆中继段、光缆类型、光缆芯数、竣工时间等信息。

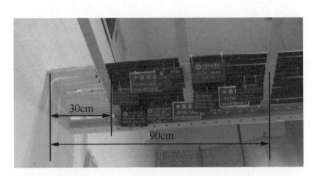

图 2-10 机房进线光缆挂牌示意图

（2）机房走线架光缆挂牌。

如图 2-11 所示，位于走线架拐弯处的光缆挂牌须距离弯曲中心点 40～100cm。

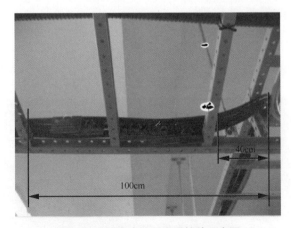

图 2-11 机房走线架光缆挂牌示意图

（3）ODF 架进线处光缆挂牌。

如图 2-12 所示，ODF 架进线处的光缆挂牌须在 ODF 架上方的走线架处，ODF 架与走线架之间的区域严禁光缆挂牌。

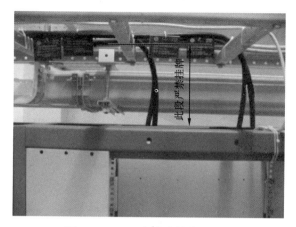

图 2-12 ODF 架光缆挂牌示意图

4. ODF 架进线光缆施工

（1）ODF 架进线光缆位置。

如图 2-13 所示，ODF 架进线光缆须由 ODF 光缆进线孔进入，严禁从 ODF 架设备跳纤出线孔进入。

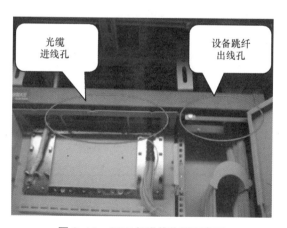

图 2-13 ODF 架进线位置示意图

（2）ODF 架光缆及光缆加强芯固定。

如图 2-14 所示，ODF 架光缆固定时须使用专用的固定钢箍将光缆固定在 ODF 架上端的光缆固定架上，并且光缆加强芯长度须超出固定螺丝 2～3cm。

图 2-14 ODF 架光缆加强芯固定示意图

ODF 架进线光缆引入后须按照从右至左的顺序在光缆固定架上进行固定，光缆保护软管须用扎带排列绑扎整齐，如图 2-15 所示。

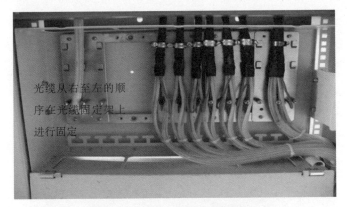

图 2-15 ODF 架光缆固定示意图

（3）ODF 架光缆接地保护。

如图 2-16 所示，ODF 架光缆接地时须使用截面积大于或等于 16mm^2、带有塑料护套的多股铜线，由接地装置通过进线孔（管）引至站内，引线与接地的连接应采取焊接方式。站内侧将引线焊在 ODF 光缆固定架的铜鼻子上，然后用螺丝紧固在 ODF 架和终端盒上的接地孔（柱）上。

图 2-16   ODF 架光缆接地保护示意图

（4）ODF 架内光缆保护软管。

如图 2-17 所示，ODF 架内光缆保护软管须使用扎带绑扎整齐。

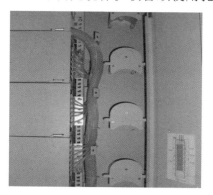

图 2-17   ODF 架光缆保护软管绑扎示意图

光缆保护软管进 ODF 架子框处，禁止开断子框边框，软管上应粘贴对应束管的序号标签，如图 2-18 所示。

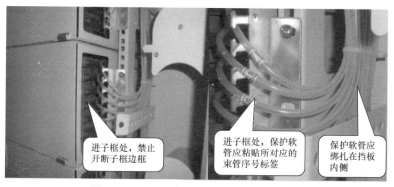

进子框处，禁止开断子框边框

进子框处，保护软管应粘贴所对应的束管序号标签

保护软管应绑扎在挡板内侧

图 2-18   ODF 架光缆保护软管标识示意图

（5）ODF 架光缆成端托盘。

如图 2-19 所示，ODF 架光缆成端制作是将光缆纤芯按照色谱在 ODF 架托盘上准确成端，按照顺序排列，适配器防尘帽要封堵完好，托盘处成端标签要清晰规范、粘贴牢固。

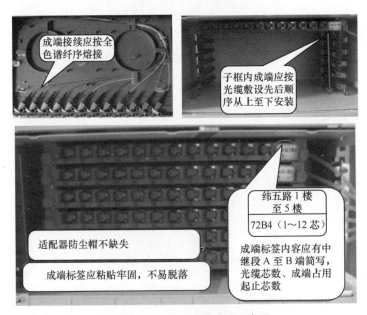

成端接续应按全色谱纤序熔接

子框内成端应按光缆敷设先后顺序从上至下安装

纬五路 1 楼至 5 楼
72B4（1～12 芯）

适配器防尘帽不缺失

成端标签应粘贴牢固，不易脱落

成端标签内容应有中继段 A 至 B 端简写、光缆芯数、成端占用起止芯数

图 2-19 ODF 架光缆成端示意图

（6）ODF 架子框面板标签。

如表 2-4 所示，ODF 子框面板须粘贴与该子框内光缆成端位置一致的光缆信息及纤芯序号信息标识。

表 2-4 ODF 架子框面板粘贴光缆信息

盘号	端子号	中继段名称	纤芯	光缆级别	光缆型号
1	1～12	西园八楼—线路器材厂	1#～12#	一干	GYTA-72B4
2	13～24	西园八楼—线路器材厂	13#～24#	一干	GYTA-72B4
3	25～36	西园八楼—线路器材厂	25#～36#	一干	GYTA-72B4
4	37～48	西园八楼—线路器材厂	37#～48#	一干	GYTA-72B4
5	49～60	西园八楼—线路器材厂	49#～60#	一干	GYTA-72B4
6	61～72	西园八楼—线路器材厂	61#～72#	一干	GYTA-72B4

2.3 管道线路验收

本节将介绍光缆管道验收的标准。管道验收主要包括管道、人孔、手孔及其附属设备，管道光缆敷设一般是在城市地区，光缆敷设环境良好，因此对光缆护层无特殊要求。以下重点介绍管道验收时在管道路由、人（手）孔及其附属设施、管道光缆 3 个方面的要求。

2.3.1 管道路由验收

管道路由验收主要包括检查管道段长度、管道段埋深、通信管道与其他管道设施及建筑物间距、管道路由安全性、管孔试通 5 个方面。

1. 检查管道段长度

验收时须对管道段长度进行测量，相邻两个人孔中心之间的距离相较于竣工图纸的误差应在 ±0.5m 范围内，每段管距的人孔中心长度不宜大于 130m，如图 2-20 所示。

每段管距的人孔中心长度不宜大于 130m

图 2-20 管道段长度示意图

2. 管道段埋深

管道埋深是指上层管道顶部距离地面表层的垂直距离，如图 2-21 所示。

管道埋深是指上层管道顶部距离地面表层的垂直距离

图 2-21 管道段埋深示意图

（1）管道距地面最小埋深要求。

管道埋深（管顶至路面）不能小于 0.8m。塑料管道敷设后，其管顶覆土小于 0.8m 时，应采取保护措施，如用砖砌加钢筋混凝土盖板或进行钢筋混凝土包封等。各种路面至管顶最小埋深要求如下。

① 普通土、硬土，市郊、村镇，沟、渠、水塘≥1.0m。

② 半石质（砂砾土、风化石等）、市区街道、路肩、边沟≥0.8m。

③ 公路边沟中的管道埋深，难以达到 0.8m 时，假如水沟底部采取混凝土全包封 15cm，则管道埋深≥0.5m。

④ 路边沟为全石质，管道可采用钢管，埋深 0.4m，采取混凝土全包封。

⑤ 穿越铁路、公路≥1.2m（公路路面、铁路路基面）；穿越铁路、公路（国道、省道、市区主要街道）必须采用钢管，机械顶管作业除外。

⑥ 全石质、流砂≥0.6m。

（2）人井内管道管孔埋深要求。

管道的埋深应保证管道进入人孔时管顶距离人孔上覆不得少于 40cm，管孔底部距手孔底面净距不少于 20cm。

3. 通信管道与其他管道设施及建筑物间距

通信管道验收时须注意检查管道路由与其他管道设施及建筑物之间的安全距离，具体各类场景间距详见表 2-5。

表 2-5　通信管道与其他管道设施及建筑物间距

其他管线及建筑物名称	平行净距（m）	交叉净距（m）
给水管（管径小于 30cm）	0.5	0.15
给水管（管径为 30~50cm）	1.0	0.15
给水管（管径大于 50cm）	1.5	0.15
排水管	1.0（注 1）	0.15（注 2）
热力管	1.0	0.25
燃气管（压力小于 300 kPa）	1.0	0.3（注 3）
燃气管（压力为 300~800 kPa）	2.0	0.3（注 3）
埋式电力电缆（35kV 以下）	0.5	0.5（注 4）
埋式电力电缆（35kV 及以上）	2.0	0.5（注 4）
其他埋式通信电缆	0.75	0.25
绿化（乔木）	1.5	—
绿化（灌木）	1.0	—
地上杆柱	0.5~1.0	—
马路边石	1.0	—
路轨外侧	2.0	—
房屋建筑红线或基础	1.5	—
水井、坟墓	2.0	—
粪坑、积肥池、沼气池、氨水池等	2.0	—
其他通信管道	0.5	0.15

注：1. 主干排水管后敷设时，其施工边沟与管道间的水平净距不宜小于 1.5m。

2. 当管道在排水管下部穿越时，净距不宜小于 0.4m，通信管道应进行包封，包封长度自排水两侧各加长 2m。

3. 在交越处2m范围内，煤气管不应作为接合装置和附属设备。

4. 如电力电缆加保护管时，净距可减小至0.15m。

4. 管道路由安全性

管道段路由验收时须格外注意管道路由上方是否有表层塌陷、断裂，以及取土、路政施工等隐患。若存在影响管道路由安全的隐患，须及时处理加以保护，防止验收后管道受损，无法使用。管道路由常见隐患如图2-22所示。

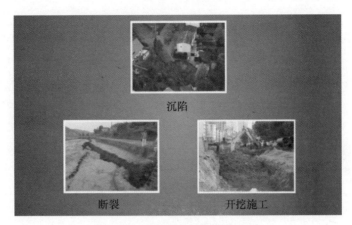

图2-22 管道路由常见隐患示意

5.管孔试通

验收时应测试管道管孔是否通畅，直线管道管孔试通，使用直径比管孔小5mm、长900mm的拉棒进行。弯管道在曲率半径小于36m时，应采用直径比被试管孔小6mm、长600～900mm的拉棒试通。拉棒一般是木质的，两端包有铁皮，并设置铁环。试通时，钢管或塑料管组成的管群，每5孔抽试1孔；5孔以下的管群，抽试1/2；1孔则全试，如图2-23所示。

图2-23 管道试通拉棒示意图

2.3.2 人（手）孔及其附属设施验收

人（手）孔及其附属设施验收主要通过徒步巡查结合下井检查的方法。检查过程中如果发现人孔内外盖发生丢失、破损，立板、托架发生丢失、损坏的现象，应及时进行增补、修复；当发现人孔上覆、井壁高度与市政建设要求等发生冲突时，应对其进行增高或者回落。图 2-24 为常见的通信管道人孔结构。

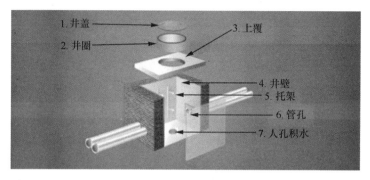

图 2-24　通信管道人孔结构示意图

人（手）孔及其附属设施验收主要包括检查人（手）孔的井盖、口圈、编号、断面程式及产权标示、内外墙壁、托架托盘、井内卫生和积水以及管孔口塑料子管封堵 8 个方面，参见表 2-6。

表 2-6　人（手）孔及其附属设施验收的 8 项重点内容

项目	相关要求	示意图
（1）人（手）孔井盖	人（手）孔内外盖须齐全完整，无丢失、破损	内外盖须齐全完整
（2）人（手）孔口圈	人（手）孔口圈在车行道上应高出路面 1～1.5cm，在草地、土路或耕地上应高出自然地平面 10～20cm	井圈盖应与地面平齐
（3）人（手）孔编号	人（手）孔编号须清晰规范	人(手)孔编号清晰规范

续表

项目	相关要求	示意图
（4）人（手）孔断面程式及产权标示	人（手）孔断面程式及产权标识须清晰，防止发生共建管道人（手）孔内各产权单位通信施工时敷设光缆乱穿、乱放的现象	人孔断面程式产权标识清晰
（5）人（手）孔内外墙壁	人（手）孔的内外墙壁均应粉刷	人（手）孔的内外墙壁均应粉刷
（6）人（手）孔内托架托盘	人（手）孔内托架托盘应保持完好	人（手）孔内托架托盘是否完好
（7）人（手）孔内卫生及积水	确保人（手）孔内清洁、干燥，内部无垃圾、淤泥，积水罐完好	确保人（手）孔内清洁、干燥，内部无垃圾、淤泥，积水罐完好
（8）管孔口塑料子管封堵	管道塑料子管管孔应按照要求进行封堵，防止泥沙等杂物进入，堵塞管道	孔口塑料子管按照要求进行封堵

2.3.3 管道光缆验收

管道光缆验收时重点关注 6 个方面内容：接头盒安装、人孔内光缆走向排列、预留光缆绑扎安置、光缆标识牌附挂、光缆保护套管安装、光缆管孔占位，如图 2-25 所示。

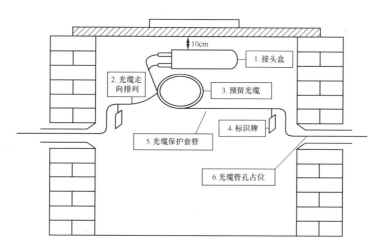

图 2-25 管道光缆验收的 6 个关注内容

如图 2-26 所示的现场示意图说明了管道光缆验收时的各方面总体要求，与表 2-7 总结的条目内容结合，详细介绍了验收的现场把控要点。

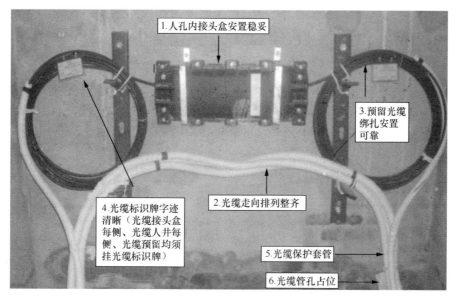

图 2-26 管道光缆验收要求现场示意图

表 2-7　管道光缆验收的 6 项重点内容

项目	相关要求	示意图
（1）光缆接头盒安装	接头盒在人孔内壁上是否固定牢固，一般尽量置于井内上层，防止接头盒脱落或被水浸泡	 接头盒在井壁上固定牢固
（2）人孔内光缆走向排列	人手孔内光缆须绑扎排列整齐	 人手孔内光缆须绑扎排列整齐
（3）预留光缆绑扎安置	预留光缆绑扎安置牢固可靠，光缆接头接续后每端预留 6～8m，预留光缆须放置在规定的托架上，一般置于人孔上层部位	 预留光缆绑扎安置牢固可靠
	光缆弯曲半径应大于或等于光缆外径的 15 倍	 光缆弯曲半径应大于或等于光缆外径的 15 倍
（4）光缆标识牌附挂	在人（手）孔里穿放光缆的进口及出口处应分别附挂光缆标识牌，若井内设置有接头盒或光缆预留，须在两侧各附挂一个光缆标识牌	 接头盒和光纤预留两侧挂牌 进口及出口处应分别附挂一个光缆标识牌
（5）光缆保护套管安装	管道光缆须采用蛇皮软管或波纹管加以保护，并用扎线绑扎固定	 管道光缆需采用蛇皮软管或波纹管加以保护
（6）光缆管孔占位	检查管道光缆管孔占位信息是否正确，是否与竣工图纸标注的占位信息一致	 检查管道光缆管孔占位信息

2.4 架空线路验收

本节将介绍光缆架空线路验收的标准。架空光缆是架挂在电杆上使用的光缆，架空光缆敷设时可利用已有的架空明线杆路，节省建设费用、缩短建设周期。架空光缆挂设在电杆上，要求能适应各种自然环境，一般用于长途二级或二级以下的线路，适用于专用网光缆线路或某些局部特殊地段。架空光缆主要有钢绞线支承式和自承式两种吊挂方式，目前基本都采用钢绞线支承式，通过杆路吊线托挂或捆绑（缠绕）架设的方式进行敷设。架空线路验收时重点关注杆路路由、架空光缆两方面的内容。

2.4.1 杆路路由验收

杆路路由主要由电杆、吊线、杆路的支撑加固装置和保护装置等组成，如图 2-27 所示。

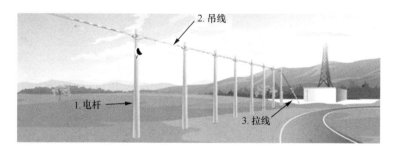

图 2-27 杆路路由组成示意图

1. 电杆

电杆的程式根据具体应用的场景确定，通常在农田里使用 7～8m 高的电杆，跨越道路时，根据道路两侧高低的落差，采用 9～12m 高的电杆。

电杆杆身验收时需注意以下几方面。

（1）重点关注环形钢筋混凝土电杆的安全性，如有下列破损情况时不得使用。

① 环向裂缝宽度超过 0.5mm。

② 有可见纵向裂缝。

③ 混凝土破碎部分总表面积超过 $200\,\text{mm}^2$。

（2）木杆的长度和弯曲度应符合相关要求。

① 木杆程式应符合设计规定，其长度偏差为 200mm～-100mm，梢径偏差≤ -10mm。

② 杆身弯曲度不得超过杆长的 2%。

（3）电杆杆洞埋深标准。

洞深偏差不得超过 ±5cm，石洞洞深偏差不得超过 ±3cm。杆洞应保持垂直，洞底平整，直径要适合立杆，不宜过大或过小。杆洞深度标准如表 2-8 所示。

表 2-8　架空电杆杆洞深度标准表

电杆类别	杆长（m）	洞深（m）			
		普通土	硬土	水田、湿地	石质
水泥电杆	6.0	1.2	1.0	1.3	0.8
	6.5	1.2	1.0	1.3	0.8
	7.0	1.3	1.2	1.4	1.0
	7.5	1.3	1.2	1.4	1.0
	8.0	1.5	1.4	1.6	1.2
	8.5	1.5	1.4	1.6	1.2
	9.0	1.6	1.5	1.7	1.4
	10.0	1.7	1.6	1.8	1.6
	11.0	1.8	1.8	1.9	1.8
	12.0	2.1	2.0	2.2	2.0
木制电杆	6.0	1.2	1.0	1.3	0.8
	6.5	1.3	1.1	1.4	0.8
	7.0	1.4	1.2	1.5	0.9
	7.5	1.5	1.3	1.6	0.9
	8.0	1.5	1.3	1.6	1.0
	8.5	1.6	1.4	1.7	1.0
	9.0	1.6	1.4	1.7	1.1
	10.0	1.7	1.5	1.8	1.1
	11.0	1.7	1.6	1.8	1.2
	12.0	1.8	1.6	2.0	1.2

注：石质土或硬土，埋深可按表中普通土洞深减少 20～30cm。

① 埋在松土地带或 45°以上斜坡的电杆应按表中普通土最少加深15cm。坡上的杆洞应符合图 2-28 所示的要求。

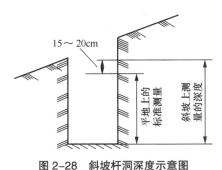

15～20cm

平地上的标准测量

斜坡上测量的深度

图 2-28 斜坡杆洞深度示意图

② 杆洞深度应把永久性地面作为计算起点。

（4）电杆编号。

电杆编号一般采用刷漆编号，或者悬挂定制杆号牌。电杆编号要保证清晰，最下面的字符距离地面应大于或等于 2.5m，编号应面向道路或街道。

（5）电杆杆距。

杆距是指架空线路相邻两杆之间的距离，如图 2-29 所示。通常市区为 35～40m，郊区为 40～50m。直线线路的电杆位置应在线路路由的中心线上，电杆中心线与路由中心线的左右偏差≤50mm，杆身上下垂直，杆面不得错位，终端杆杆梢向拉线侧倾斜 100～200mm。

图 2-29 电杆杆距示意图

2. 吊线和挂钩

吊线是指连接两相邻电杆之间的承载通道，一般采用 7 股直径 2.2mm 或 2.6mm 的镀锌钢绞线，附件有吊线抱箍、拉线抱箍、单槽夹板、双槽夹板等。

（1）吊线。

一般情况下吊线距杆顶大于或等于 50cm，在特殊情况下应大于或等于 25cm，如图 2-30 所示。

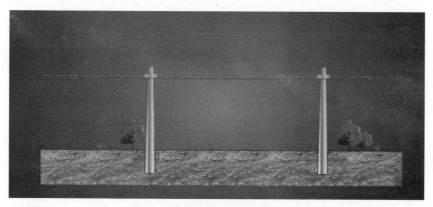

图 2-30　吊线示意图

① 吊线垂度：电缆吊线的原始垂度应符合规范要求，在室外温度 20℃ 以下安装时允许偏差应小于或等于标准垂度的 10%；在室外温度 20℃ 以上安装时允许偏差应小于或等于标准垂度的 5%。在标准杆距为 50m 时，新架吊线在没有负荷的情况下，用肉眼是看不到垂度的。如果要进行测试，吊线下垂的垂直距离应小于或等于 60cm 为宜。

② 吊线方位：按先上后下、先难后易的原则确定吊线方位；一条吊线必须在杆路的同一侧，不能左右跳，架设第一条吊线时，吊线宜在人行侧或有建筑物侧。

③ 吊线位置：吊线夹板在电杆上的位置与地面等距，坡度变化不宜超过杆距的 2.5%，特殊情况不宜超过杆距的 5%。

（2）挂钩。

应根据设计要求选用光缆挂钩的程式，光缆挂钩间距应为 500mm，允许偏差 ±30mm；在电杆两侧的第一只挂钩距电杆 250mm，允许偏差为

±20mm；挂钩在吊线上的搭扣方向要一致，挂钩托板应安装齐全、整齐。

3. 杆路的支撑加固装置和保护装置

杆路支撑加固装置主要包括拉线、底盘、卡盘、地锚、护墩、抱箍、夹板、撑杆、仰俯角装置、角杆吊线辅助装置。杆路保护装置包括电力保护装置、电力绝缘子、避雷线、接地线。

下面介绍针对杆路支撑加固和保护装置验收时的一些主要注意事项。

（1）拉线使用场景：拉线用来平衡电杆各方面的作用力，防止电杆倾倒。拉线的类型有单方拉线、人字拉线、四方拉线、吊板拉线、墙壁拉线、高桩拉线，应根据使用场景选取不同类型的拉线，如表 2-9 所示。

表 2-9　拉线类型及示意图

拉线类型	使用场景	示意图
单方拉线	用在终端杆转角处起平衡拉力的作用	
人字拉线	在直线段杆档超过 8 档时，应设人字拉线，以增强电杆的抗风能力	
四方拉线	在直线段杆档约 32 档时，应设四方拉线，以增强电杆的稳定性	

续表

拉线类型	使用场景	示意图
吊板拉线	吊板拉线应在单方拉线无法设置时使用，不得作为受力很大的角杆和终端杆拉线使用	
墙壁拉线	墙壁拉线的拉攀距墙角应大于或等于 25cm，距屋檐大于或等于 40cm	
高桩拉线	高桩拉线是由高桩正副拉线组成的，正拉线距地面不得小于 5m	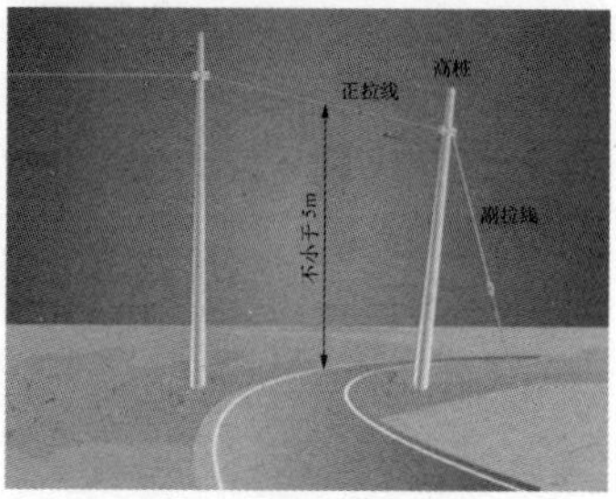

（2）在拉线的加固方面：抱箍、拉线等应符合相关规定，可参考表 2-10。

表 2-10　拉线加固相关要求

加固项目	加固说明	示意图
单条拉线固定抱箍	抱箍距电杆顶端应大于或等于 50cm	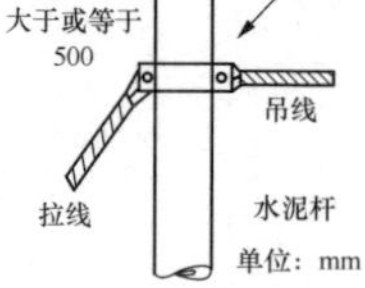
双条拉线固定抱箍	抱箍间距应为 40cm	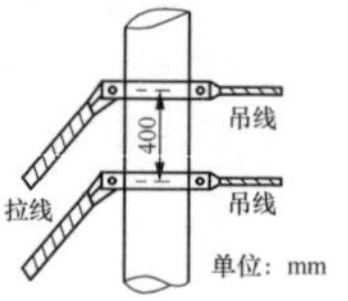

续表

加固项目	加固说明	示意图
拉线角深	角深>15m 时（偏转角≥60°）的角杆应装设两条拉线，每条拉线应分别装在对应的线条张力的反侧方，出土点向两拉线靠近方内各移 600mm	
拉线地锚	用来平衡拉力的重要设施，地锚的埋设深度应符合表 2-11 的要求。地锚铁柄出土长度为 60cm，允许偏差为 5~-30cm。角杆地锚铁柄出土左右偏差≤50mm，双方、四方拉线地锚铁柄出土左右偏差≤100mm	
吊线辅助（仰、俯角）装置	吊线在电杆上的坡度变化大于杆距的 20% 时，应加装仰角辅助装置或俯角辅助装置，辅助吊线的规格应与吊线一致	
撑杆	撑杆是代替拉线平衡线路张力的一种装置，应设在线路合力或张力的同侧。撑杆底部埋深≥600mm，距高比≥0.5	

表 2-11　地锚坑深相关标准

拉线程式	拉线地锚坑深（单位：m）			
	普通土	硬土	水田、湿地	石质
7/2.2	1.3	1.2	1.4	1.0
7/2.6	1.4	1.3	1.5	1.1
7/3.0	1.5	1.4	1.6	1.2
2×7/2.2	1.6	1.5	1.7	1.3
2×7/2.6	1.8	1.7	1.9	1.4
2×7/3.0	1.9	1.8	2.0	1.5
上 2V 型 ×7/3.0，下 1	2.1	2.0	2.3	1.7

（3）电力保护。

当吊线与电力线交越时，应安装三线交越保护套管，保护管两端电杆须做地线，吊线每两千米左右进行一次电气隔断。架空线路防强电、防雷措施应符合设计规定，吊挂式架空吊线或光缆与电力线交越时，应采用胶管或竹片对钢绞线进行绝缘处理，如图 2-31 所示。

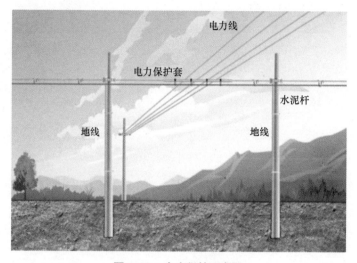

图 2-31　电力保护示意图

近电力设施及热闹市区的拉线，应根据设计规定加装绝缘子，绝缘子距地面的垂直距离应在 2m 以上，其扎固规格应符合图 2-32 的要求。

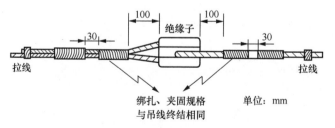

图 2-32　绝缘子安装要求示意图

2.4.2　架空光缆验收

架空光缆验收主要关注 8 个方面：架空光缆垂度及外护层完整性、挂钩间距、过杆保护、接头盒安装、光缆预留、光缆引上、光缆标识牌、架空光缆与其他设施之间的安全间距。

1. 架空光缆垂度及外护层完整性

（1）不得出现因挂钩缺失或吊线松垂导致的光缆下垂现象，如图 2-33 所示。

（2）光缆外护层有无破损现象。

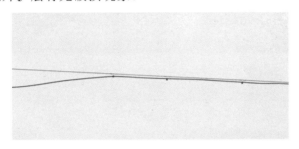

图 2-33　挂钩缺失导致光缆下垂

2. 挂钩间距

检查光缆挂钩间距是否符合要求。相邻挂钩的间距要求为 50cm，允许偏差小于或等于 3cm，电杆两侧的第一个挂钩距离电杆上的固定点边缘应为 25cm，允许偏差为 ±2cm，如图 2-34 所示。

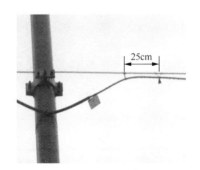

(a) 相邻挂钩间距为 50cm　　　　　(b) 第一个挂钩距固定点边缘 25cm

图 2-34　光缆挂钩固定要求

3. 过杆保护

检查过杆保护安装是否符合要求。在电杆中心部位光缆须采用软管保护，余留宽度为 2m，一般不得少于 1.5m。余留两侧及线绑扎部位，应注意不能扎死，以利于在气温变化时起到保护光缆的作用，如图 2-35 所示。

图 2-35　过杆保护要求示意图

4. 接头盒安装

检查架空光缆接头安装及绑扎情况，接头应落在杆上或杆旁 2m 以内，接头盒两侧的光缆应留滴水弯，并进行适当绑扎，如图 2-36 所示。

图 2-36　架空光缆接头盒安装示意图

5. 光缆预留

检查架空光缆预留是否安装在余留架，光缆弯曲半径应大于光缆外径的 15 倍，如图 2-37 所示。

图 2-37　架空光缆预留示意图

6. 光缆引上

检查架空光缆的引上安装是否符合要求，杆下用钢管保护，防止人为损伤。引上吊线部位应留有伸缩弯，弯曲半径应符合要求，确保光缆在气温剧烈变化时的安全，如图 2-38 所示。

图 2-38　杆路光缆引上示意图

7. 光缆标识牌

检查标识牌是否清晰准确，标识牌上应标明中继段名称、光缆程式及光缆端别等信息。光缆标识牌，原则上每千米设置 10 块，接头和光缆预留处必须悬挂标识牌，如图 2-39 所示。

图 2-39　光缆标识牌示意图

8. 架空光缆与其他设施之间的安全间距

架空光缆还应满足与其他建筑物及设施的距离要求，日常维护中主要遇到的是与铁路、电力、路面的垂直距离，如图2-40所示。

架空光缆与铁路垂直净距

与路面垂直净距　　　　　　与电力线垂直净距

图2-40　架空光缆与其他设施间距示意图

（1）架空光缆与其他设施最小水平净距离应满足表2-12的要求。

表2-12　架空光缆与其他设施最小水平距离

名称	最小水平净距（m）	备注
消火栓	1.0	指消火栓与电杆的距离
地下管线	0.5～1.0	包括通信管线与电杆间的距离
火车铁轨	$4h/3$	h 为地面上电杆高度（m）
人行道边石	0.5	—
市区树木	1.25	—
房屋建筑	2.0	指光缆到房屋建筑的水平距离
郊区树木	2.0	—

（2）架空光缆与其他设施最小垂直净距应满足表2-13的要求。

表2-13　架空光缆与其他设施最小垂直距离

架设与跨越地点	平行时（m）	交越时（m）	条件
室内街道	4.5	5.5	最低缆线到地面
里弄、胡同	4.0	5.0	最低缆线到地面
铁　路	3.0	7.0	最低缆线到地面
公　路	3.0	5.5	最低缆线到地面
土路（大车道）	3.0	4.5	最低缆线到地面

续表

架设与跨越地点	平行时（m）	交越时（m）	条件
房屋建筑物	—	0.6	最低缆线到房脊（尖房顶）
	—	1.5	最低缆线到房脊（平房顶）
通航河流	—	1.0	最低缆线到最高水位时的桅梢顶
不通航河流	—	2.0	最低缆线到最高水位时的水面
树木	—	1.0	最低缆线到树梢间垂直距离
其他通信导线	—	0.6	一方最低缆线到另一方最高缆线

2.5 硅管及直埋光缆验收

　　硅管及直埋光缆线路是长途干线光缆的主要敷设方式，确保其安全运行是保障国家、国防安全和国民经济发展的一项至关重要的基础工作。硅管及直埋光缆线路路由上常见的显性化设备包括标石、宣传牌、人井、护坎／护坡等。常见的硅管设施示意图如图 2-41 所示。

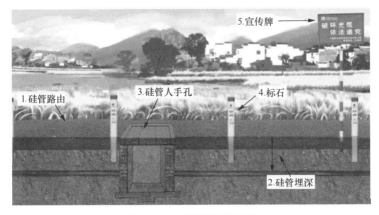

图 2-41　硅管设施示意图

　　下面介绍在硅管及直埋光缆路由、硅管管道配套设施两方面验收时重点关注的要求。

2.5.1 硅管及直埋光缆路由验收

硅管及直埋光缆路由验收时重点关注 3 个方面的要求,包括路由安全性、埋深以及与其他设施的间距。

1. 硅管及直埋光缆路由安全性

硅管路由验收时,维护人员主要检查硅管路由上有无雨水、沟渠排水等冲刷导致硅管裸露等现象;有无杂草及易燃、易爆、腐蚀物质;有无影响硅管及直埋光缆路由的建筑施工,如表 2-14 所示。

表 2-14　硅管及直埋光缆路由安全性要求

路由安全性要求	示意图
硅管及直埋光缆路由上不得存在杂草	
硅管路由上不能存在受雨水、沟渠排水等原因冲刷导致硅管裸露的现象	
硅管及直埋光缆路由附近不得挖掘施工	
硅管及直埋光缆路由上不能因土质流失导致硅管外露	

续表

路由安全性要求	示意图
硅管及直埋光缆路由上不能存在易燃、易爆、腐蚀物质	

2.硅管及直埋光缆埋深

硅管光缆埋深只有达到足够的深度才能有效防止各种外来的机械损伤，而且在达到一定深度后地温较稳定，减少了温度变化对光纤传输特性的影响，从而提高了光缆的安全性和通信传输质量。在硅管验收埋深时须使用路由探测仪进行深度探测，硅管管道埋深标准如表 2-15 所示。

表 2-15　硅管管道埋深标准

铺设地段及土质	埋深（m）
普通土、硬土	≥ 1.0
半石质（砂砾土、风化石等）	≥ 0.8
全石质、流砂	≥ 0.6
市郊、村镇	≥ 1.0
市区人行道	≥ 0.8
穿越铁路（距道渣底）公路（距路面）	≥ 1.0
沟、渠、水塘	≥ 1.0

注：1. 对于垫有砂土的石质沟，可将沟深视作硅管管道的埋深。
　　2. 坡坎埋深以垂直坡坎斜面的深度为准。
　　3. 边沟设计深度为公路方或街道主管部门要求的深度。

直埋光缆埋深标准如表 2-16 所示。

表 2-16　直埋光缆埋深标准

铺设地段及土质	埋深（m）
普通土、硬土	≥ 1.2
半石质（砂砾土、风化石等）	≥ 1.0

续表

铺设地段及土质	埋深（m）
全石质、流砂	≥ 0.8
市郊、村镇	≥ 1.2
市区人行道	≥ 1.0
公路边沟：石质（坚石、软石）	边沟设计深度以下 0.4
其他土质	边沟设计深度以下 0.8
公路路肩	≥ 0.8
穿越铁路（路基面）、公路（路基面）	≥ 1.2
沟、渠、水塘	≥ 1.2
河流	按水底光缆要求

注：1. 石质、半石质地段应在沟底和光缆上方各铺 100mm 厚细土或沙土，沟底铺沙厚度可视为光缆的埋深。

2. 光缆可同其他通信光缆或电缆同沟敷设，但不得重叠或交叉，缆间的平行净距离大于或等于 10cm。

3. 硅管及直埋光缆与其他设施的间距

硅管及长途直埋光缆在地下，常常会同其他管线等设施平行或交越，为保证光缆及其他设施的安全，相互应保持一定距离，其要求标准如表 2-17 所示。

表 2-17　硅管与其他设施距离要求

其他管线及建筑物名称		平行净距（m）	交越净距（m）
已有建筑物		2.0	—
规划建筑红线		1.5	—
非同沟的直埋通信光电缆		0.75	0.25
给水管	管径小于 30cm	0.5	0.15
	管径为 30～50cm	1.0	
	管径大于 50cm	1.5	
污水管、排水管		1.0（注 1）	0.15（注 2）
热力管		1.0	0.25

续表

其他管线及建筑物名称		平行净距（m）	交越净距（m）
高压石油、天然气管		10.0	0.5
燃气管	压力小于 300kPa	1.0	0.3（注 3）
	压力 300～800kPa	2.0	
电力电缆	35kV 以下	0.5	0.5（注 4）
	35kV 及以上	2.0	
其他通信光电缆及通信管道边缘		0.75	0.25（注 4）
通信电杆、照明电杆及拉线		1.5	—
市区绿化带	乔木	1.5	—
	灌木	1.0	
道路边石边缘		1.0	—
铁路钢轨（或坡脚）		2.0	1.5
排水沟渠		0.8	0.5
涵洞		—	0.25
树木	村镇大树、果树、行道树	0.75（注 5）	—
	野外大树	2.0（注 5）	—
水井、坟墓、粪坑、积肥池、沼气池、氨水池等		3.0	—

注：1. 主干排水管后敷设时，其施工沟边与管道间的水平净距离不宜小于 1.5m。

2. 当管道在排水管下部穿越时，净距离不宜小于 0.4m，通信管道应进行包封处理。包封长度自排水管道两侧各长出 2m。

3. 在交越处 2m 范围内，煤气管不应有接合装置和附属设备，如上述情况不能避免，通信管道应进行包封处理。

4. 增加钢管保护时，热力管、高压石油、燃气管、直埋通信光缆、电力光缆交叉跨越的净距离可降为 0.15m。

5. 对于杆路、拉线、孤立大树和高耸建筑，还应考虑防雷的需要。大树是指直径在 300mm 及以上的树木。

2.5.2 硅管管道配套设施验收

硅管管道配套设施验收主要针对硅管管道人孔、标石、宣传牌、护坎、护坡等方面。下面介绍硅管管道配套设施验收时的一些注意事项，见表 2-18。

表 2-18　硅管管道配套设施验收的注意事项

验收项目	注意事项	示意图
硅管管道人孔	硅管人孔水泥盖板应高于自然地面 20cm，人孔号必须准确清晰	
标石、宣传牌	检查标石、宣传牌有无破损缺失。标石 50cm 范围内有无杂草，标石编号是否清晰规范。硅管路由标石应在硅管的正上方，标石的编号应根据传输方向由 A 端至 B 端排列，一般以一个中继段为独立单位	
护坎、护坡	检查硅管及直埋光缆路由的护坎、护坡有无破损	

2.6　光缆测试

通信线路工程完工后，需要对光缆纤芯以及直埋光缆的对地绝缘电阻进行测试，光缆测试作为验收的重要环节，直接关系到光缆线路投入使用后业务的承载质量的好坏。

2.6.1　光缆纤芯测试

光缆纤芯测试主要包含以下 4 个方面：纤序对号、中继段光纤线路衰减系数（dB/km）、中继段光纤通道总衰减（dB）、中继段光纤偏振膜色散

（PMD）系数（按需）。

1. 纤序对号

纤序对号可通过笔式红光源来进行核对，若光缆中继段长度超出笔试红光源适用范围，也可使用光功率计、光源在光缆中继段两端收发光的方法核对。

纤序对号是防止光缆中继段在接头或成端熔接时发生错纤的情况，避免光缆投入使用后光路业务无法正常调通。

2. 中继段光纤线路衰减系数

中继段光纤线路衰减系数在验收时一般通过光时域反射仪（OTDR，Optical Time Domain Reflectometer）对光缆中继段进行光纤后向散射曲线测试，从曲线信息中得出中继段光纤线路衰减系数，如图 2-42 所示。

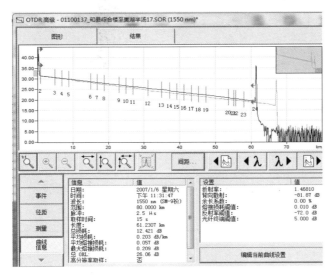

图 2-42　OTDR 测试曲线

测试中继段光纤线路衰减系数应在光纤成端、沟坎加固等路面动工项目全部完成后进行，光纤后向散射曲线应有良好的线形且无明显台阶，接头部位应无异常线形，OTDR 打印光纤后向散射曲线应清晰无误，并应收录于中继段光纤通道总衰减测试记录表中，如图 2-43 所示。

表 G.0.6:

_____至_____中继段光纤通道总衰减测试记录（表 4）

中继段长：　　km　指标：　　dB/km　OTDR：

折射率：

光纤序号		损耗	光纤序号		损耗	光纤序号		损耗
		dB	dB/km			dB	dB/km			dB/km
1	A→B			17	A→B			33	A→B		
	B→A				B→A				B→A		
2	A→B			18	A→B			34	A→B		
	B→A				B→A				B→A		
3	A→B			19	A→B			35	A→B		
	B→A				B→A				B→A		
4	A→B			20	A→B			36	A→B		
	B→A				B→A				B→A		
5	A→B			21	A→B			37	A→B		
	B→A				B→A				B→A		
6	A→B			22	A→B			38	A→B		
	B→A				B→A				B→A		
7	A→B			23	A→B			39	A→B		
	B→A				B→A				B→A		
8	A→B			24	A→B			40	A→B		
	B→A				B→A				B→A		
9	A→B			25	A→B			41	A→B		
	B→A				B→A				B→A		
10	A→B			26	A→B			42	A→B		
	B→A				B→A				B→A		
11	A→B			27	A→B			43	A→B		
	B→A				B→A				B→A		
12	A→B			28	A→B			44	A→B		
	B→A				B→A				B→A		
13	A→B			29	A→B			45	A→B		
	B→A				B→A				B→A		
14	A→B			30	A→B			46	A→B		
	B→A				B→A				B→A		
15	A→B			31	A→B			47	A→B		
	B→A				B→A				B→A		
16	A→B			32	A→B			48	A→B		
	B→A				B→A				B→A		

折射波长：　　测试人：　　监理：　　日期：

表 G.0.7:

_____至_____中继段光纤通道总衰减测试记录（表 5）

中继段长：　　km　指标：　　dB　光源：　　功率计：

光纤序号	损耗		光纤序号	损耗		光纤序号	损耗	
	dB	dB/km		dB	dB/km		dB	dB/km
1			33			65		
2			34			66		
3			35			67		
4			36			68		
5			37			69		
6			38			70		
7			39			71		
8			40			72		
9			41			73		
10			42			74		
11			43			75		
12			44			76		
13			45			77		
14			46			78		
15			47			79		
16			48			80		
17			49			81		
18			50			82		
19			51			83		
20			52			84		
21			53			85		
22			54			86		
23			55			87		
24			56			88		
25			57			89		
26			58			90		
27			59			91		
28			60			92		
29			61			93		
30			62			94		
31			63			95		
32			64			96		

测试波长：　　测试人：　　监理：　　日期：

（a）光纤线路衰减测试记录表　　　　　　　（b）线路通道总衰耗测试记录表

图 2-43　相关衰减值测试记录表

3. 中继段光纤通道总衰减

中继段光纤通道总衰减包括光纤线路损耗和两端连接器的插入损耗。验收时应采用稳定的电源和光功率计，经过连接器测量，一般可测量光纤通道在任一方向（A → B 或 B → A）的总衰减（dB），总衰减值应符合设计规定，测量值应记入中继段光纤通道总衰减测试记录表中，如图 2-43 所示。

4. 中继段光纤偏振膜色散

对 G.652、G.655 型单模光纤光缆，应按设计规定测量中继段偏振膜色散。PMD 系数应符合设计规定值。测量值应记入中继段测试记录，如图 2-44 所示。

表 G.0.8:

————————至————————中继段光纤偏振膜
色散系数测试记录（表6）

中继段长:　　　　　　km　　　　测试仪表:

纤号	PS/√km	纤号	PS/√km	纤号	PS/√km
1		33		65	
2		34		66	
3		35		67	
4		36		68	
5		37		69	
6		38		70	
7		39		71	
8		40		72	
9		41		73	
10		42		74	
11		43		75	
12		44		76	
13		45		77	
14		46		78	
15		47		79	
16		48		80	
17		49		81	
18		50		82	
19		51		83	
20		52		84	
21		53		85	
22		54		86	
23		55		87	
24		56		88	
25		57		89	
26		58		90	
27		59		91	
28		60		92	
29		61		93	
30		62		94	
31		63		95	
32		64		96	

测试人:　　　　　　监理:　　　　　　日期:

图 2-44　中继段光纤偏振膜色散测试记录表

2.6.2　直埋光缆对地绝缘电阻测试

　　直埋光缆线路施工项目验收时，应对光缆线路对地绝缘监测装置进行测试。若测试发现光缆线路对地绝缘电阻为零，通常可能是光缆外护层（PE）严重破损、接头盒进水两种情况。因此，进行直埋光缆对地绝缘监测，是确保竣工验收和维护指标的重要项目。

　　光缆线路对地绝缘监测装置由监测尾缆、绝缘密闭堵头和接头盒进水监测电极组成。其中，监测尾缆和绝缘密闭堵头应安装在每个光缆接头的监测标石内，进水监测电极安装在接头盒内的底壁上。

1. 直埋光缆对地绝缘测试要求

（1）对地绝缘电阻的测试，应避免在相对湿度大于 80% 的条件下进行。

（2）测试仪表引线的绝缘强度应满足测试要求，且长度不应超过 2m。

（3）直埋光缆线路对地绝缘电阻测试，应根据被测试对地绝缘电阻值的范围，按仪表量程确定使用高阻计或兆欧表。选用高阻计（500V·DC）测试时，应在 2min 后读数；选用兆欧表（500V·DC）测试时，应在仪表指针稳定后读数。

2. 直埋光缆对地绝缘测试指标

埋设后的单盘直埋光缆，其金属外护层对地绝缘电阻竣工验收指标应不低于 10MΩ·km，其中，允许 10% 的单盘光缆不低于 2MΩ·km。

第3章

线路维护工作
要点

光缆线路是整个光纤通信网的重要组成部分，加强光缆线路维护工作是保证通信畅通的重要措施，因此，保障光缆线路的安全畅通是各级维护单位的核心任务。维护工作中必须贯彻"预防为主 防抢结合"的维护方针，遵循以下原则：先主后次，先急后缓；顾全大局，密切协作；严守机密，保证安全；精心维护，科学管理。维护人员必须要增强责任感，努力提高维护质量，严格遵守各项规章制度，熟悉线路及设备情况，及时发现问题，并正确处理，确保线路畅通。

3.1 线路维护工作的任务和分工界面

光缆线路维护是指对已验收合格、从工程部门移交至维护部门的光缆线路进行维修和护理，维修指对光缆进行修缮、迁改、更新和改造，护理指对光缆进行检查和保护。光缆线路维护的基本任务是保证光缆线路设施完好，预防障碍并尽快排除障碍。维护工作的目的在于：通过正常的维护措施，不断地消除由于外界环境影响而带来的一些故障隐患；并且不断改进在设计和施工过程中发现的不足，以避免和减少一些由于不可控因素所带来的影响；在出现光缆线路障碍时，能及时进行处理，尽快地排除故障，修复线路，提供稳定、优质的传输路由。

维护工作界面的划分规则通常如下。

（1）其他专业界面。光缆线路以进入局点或中继站的第一个光配线架（ODF）上的第一个光纤连接器为界，连接器（ODF）及其以内的维护属于其他专业维护，连接器（ODF）以外的维护属于光缆线路维护。

（2）传输设备界面。已介入光缆线路自动监测系统或光保护系统的传输线路，以进局的第一个 ODF 架上的连接器为界，监测系统机架、光波分复用器和滤光器（含端子和尾纤）及连接器以内由设备维护，连接器以外的部分由线路维护。

（3）跳纤的维护界面。线路侧连接线路侧的跳纤由光缆线路维护，线路侧连接设备侧的跳纤由设备归属维护部门维护，线路侧连接业务侧的跳纤由业务归属部门维护。跳纤情况适用于通信局楼、基站、客户机房及光交接箱。

3.2　线路维护工作的范围和内容

　　线路维护工作的范围包括通信光缆（不含传输设备）、标石、标识牌、宣传牌、光缆接头盒、光缆成端设备（含光缆交接箱、终端盒、熔纤盘 /ODF）、光缆防雷设备以及其他附属设备等。其中管道设备包括管道、人孔和手孔，杆路设备包括电杆、电杆的支撑加固装置和保护装置、吊线和挂钩等。

　　光缆线路维护工作的内容是以竣工验收为起点，主要包括日常巡视、隐患处理、定期检修、护线宣传、障碍抢修、资料管理、材料管理、对外协调等工作。要使线路经常处于完好状态，就必须根据质量标准，严格按维护周期进行各项预检预修工作，保证线路设备完好。

　　日常维护工作主要内容如下。

　　（1）架空杆路的检修加固，吊线、挂钩的检修更换。

　　（2）管道路由的探测，做好光缆线路路由资料更新。

　　（3）管道线路的检修维护，主要包括以下内容。

　　① 定期检查人孔内的托架、托板是否完好，标识是否清晰醒目，有无丢失，光缆外护层及其接头有无损坏和变形等异常情况，发现问题应及时处理。

　　② 定期检查人孔内的走线排列是否整齐、预留光缆和接头盒的固定是否可靠。

　　③ 清除人孔内光缆上的污垢，抽除人孔内的积水。

　　（4）局站内光缆的检修维护，主要包括以下内容。

　　① 进线室内、走线架上的光缆线路有无明显的标识，以便与其他线路相区别。

　　② 每月应巡视站房一次，检查有无渗水、漏水情况以及有无老鼠进入站房的迹象。

　　③ 光缆和管线的布线应合理整齐，缆上标识醒目，光缆进出局标识明显，并标明 A、B 端。

　　④ 站内线路设备应清洁、完好。

　　日常维护的内容及其周期见表 3-1。

表 3-1　日常维护的内容及其周期

项目	维护内容		周期	备注
路面维护	巡回		一干每月4次，二干每月3次，汇聚层每月2次，接入层每月1次	暴风雨过后或有外力影响可能造成线路故障隐患时，应立即巡回。外力施工现场按需盯防看护，必要时日夜值守
	标识牌	除草、培土	按需	标识牌周围50cm内无杂草
		油漆、描字	每年	可视具体情况缩短周期
	路由探测、修路		每年	可结合徒步巡回进行
	抽除管道线路人孔内的积水		按需	可视具体情况缩短周期
	管道线路的人（手）孔检修		半年	—
杆路维护	整理、更换挂钩，检修吊线		每年	—
	清除架空线路上和吊线上的杂物		按需	—
	杆路检修		每年	可结合巡回进行
管道光缆维护	巡回		一干每月4次，二干每月3次，汇聚层每月2次，接入层每月1次。	暴风雨过后或有外力影响可能造成线路故障隐患时，应立即巡回。外力施工现场按需盯防看护，必要时日夜值守
	标石（桩）宣传牌	除草、培土	按需	标石（桩）宣传牌周围50cm内无杂草（可结合巡回进行）
		扶正、更换	按需	
		油漆、描字	按需	齐全、清晰可见
	路由探测、除草修路		按需	按需
	人孔、手孔	更换井盖	按需	人（手）井井圈、井盖、内壁完好，井号清晰可见，无垃圾，无渗水，大管、子管堵塞齐全，光缆标识牌齐全、清晰可见，光缆、接头盒挂靠安全、光缆防护措施齐备，子管和光缆的预留符合规范，光缆弯曲半径符合规范
		井号油漆、描字	按需	
		除草、培土	按需	
		清理垃圾、抽除积水（非流水）	按需	
		修补人手井、添补缺损的大管、子管堵塞	按需	
	井内光缆设施	光缆、接头盒固定绑扎	按需	
		整理、添补或更换缺损的光缆标识牌		

续表

项目	维护内容		周期	备注
	过桥铁件	过桥钢管驳接处、桥头支架防锈	按需	—
	管孔试通	管道路面出现异常,进行管孔试通	按需	确保管孔使用前能用
架空光缆维护	巡回		一干每月4次,二干每月3次,汇聚层每月2次,接入层每月1次	暴风雨过后或有外力影响可能造成线路障碍隐患时,应立即巡回。外力施工现场按需盯防看护,必要时日夜值守
	整理、更换缺损的挂钩、标识牌,清除架空线路上和吊线上的杂物		按需	无垃圾,光缆标识牌齐全、清晰可见,光缆、接头盒挂靠安全,光缆防护措施齐备,光缆的预留符合规范,光缆弯曲半径符合规范
	剪除影响线路的树枝		按需	如涉及赔补,应先进行三方协商
	检查接头盒和预留是否安全可靠		按需	结合"巡回"进行
	逐杆检修,包括杆上铁件加固、杆头、地锚培土、拉线下把、地锚出土防锈		按需	—
	管道线路的人(手)孔检修		半年	
室内光缆维护	整理、添补或更换缺损的光缆标识牌		按需	光缆标识牌齐全、清晰可见,光缆防护措施齐备,光缆的预留符合规范,光缆弯曲半径符合规范
	清洁光缆设施及 ODF 架		按需	清洁
	检查进线孔、地下室渗水、漏水情况及管孔堵塞情况		按需	无渗水、漏水
	检查室内光缆的防护措施		按需	符合规范
障碍抢修	管道临时抢修加固		—	因乙方工作不到位造成的管道故障由乙方负责修复;其他原因造成的管道故障,在乙方临时抢修加固后报方案及预算给甲方批复,再进行修复
	光缆故障抢修		—	所有的光缆故障抢修均由乙方负责,不计费用。如光缆故障属乙方责任且当时因现场条件限制只进行临时抢通的,之后为保障光缆安全而进行的二次割接费用由乙方负责。如光缆故障非乙方责任且当时因现场条件限制只进行临时抢通的,之后为保障光缆安全而进行的二次割接费用由甲方负责。抢修完成后3个工作日向甲方提交完整、详细的抢修报告

续表

项目	维护内容	周期	备注
线路迁改、割接	线路迁改与割接方案制订	按需	按合同要求进行线路迁改与割接方案制订
	逐杆检修,包括杆上铁件加固、杆头、地锚培土、拉线下把、地锚出土防锈	按需	
	管道线路的人(手)孔检修	半年	
随工验收	管道、架空杆路、光缆工程随工	按需	在工程期间,乙方按甲方的要求派人随工,对工程质量与相关规范进行不定期检查
	管道、架空杆路、光缆工程验收	—	在工程验收期间,乙方按甲方的要求派人参与验收。施工单位负责有关车辆、仪表安排
图纸资料	报送线路发生变更的图纸资料	每年	发生更改后立即更新;年底向甲方提供变更部分的完整资料
大修改造	为甲方提供年度大修、改造方案	按需	方案包括大修、改造依据、费用估算等,便于甲方做年度计划
材料管理	备品、备料及回收料的管理报告	每月	每月上报一次备品、备料和回收料等月度维护料平衡表,并申请补充材料
维护报告	按时提交故障、大修、改造报告	按需	—
	定时交送月维护报告	每月	报表内容翔实、如实反映问题
	召开月维护工作会议	每月	双方轮流主持,主持方发布会议纪要
对外工作	进行对外协调工作、参加政府部门的协调会议	按需	甲方进行必要的配合

3.2.1　日常巡线

光缆线路日常维护的主要方法是巡线。巡线是光缆线路日常维护中的一项经常性工作,是预防线路发生障碍的重要措施,是维护人员的主要任务。

1. 巡线的目的、要求和方法

通过巡线了解沿线地形、地貌变化情况,熟悉路由走向,检查光缆设备,消除故障隐患,以避免事故的发生。因此,要求维护人员必须按照规定要求定期巡线。大雨过后及其他特殊情况应增加巡线频次。必要时,可派人驻守主要线路区段，确保光缆线路安全。

　　徒步全巡时要携带必要的工具及支持 GPS 定位的手持终端，沿线路路由徒步前进，不得绕行。只有徒步巡查才能全面、细致地了解线路变化情况，及时发现问题、解决问题，提高维护质量。沿路由边走边观察线路两侧的情况变化，对可能发生的情况要有预见性、敏感性，所有危害光缆的情况都要引起重视。在巡查中发现问题应详细记录，及时上报，然后分析研究，根据问题的性质，分清轻重缓急，及时加以解决。某些急需解决且维护员能够解决的问题，必须立即处理。对危及光缆安全的作业，要讲明情况，立即制止。对于维护人员无法解决的问题，应及时向上级领导反映，不得拖延或不予处理。

　　巡线还可以采用普遍巡查和重点巡查相结合的方法。一般情况采用普遍巡查，遇到特殊情况要重点巡查。如有友邻单位施工和大型施工危及光缆安全的区域，雨季易被洪水冲刷的地段要重点巡查或增加巡查次数。必要时维护员应驻守在危险区段，发现问题及时处理。

2. 巡线内容

　　（1）查看线路路由上有无被挖掘、塌陷、被洪水冲刷及暴露光缆的现象，并对上述地段进行填补、覆土或加固。对于易遭水冲的地段，要挖排水沟或种草进行保护。如遇有可疑处，要仔细检查光缆外护层是否受到损伤。一旦发现光缆外护层损伤部位，要立即修复。

　　（2）查看线路两侧是否有勘察、测量、施工、取土、爆破、搞建筑或在线路过河点上下游挖沙、堆石等现象。如发现上述情况，应按照维护规范进行处理。

　　（3）检查、核对标石有无丢失、损坏、歪倒和移动，发现问题及时处理。

　　（4）检查人井及其附属设备的使用情况，清扫井内外卫生，保持设备干燥、清洁。

　　（5）检查过河光缆是否外露、在禁止抛锚区内有无船只抛锚或危及光缆安全等情况。

　　（6）检查水线两岸的固定装置、保护装置、标识牌、标识灯等设备。

（7）检查跨越公路、铁路、河流等处光缆防护装置（如盖砖、水泥管、铁管、防护坝等）。

（8）检查终端设备、防雷、防洪、防腐、防强电设施。在规定的范围内，所种树木或自然生长的树木要及时砍掉。

（9）对于架空光缆线路，应检查杆路是否歪斜、折裂，挂钩是否松脱、丢失；光缆与其他建筑物、树木，尤其是与电力线是否有接触、摩擦等。

（10）对于管道光缆线路，应该检查管道上方有无明显下沉现象，人孔盖的口圈、边缘有无裂缝、穿洞。清理人孔附近堆放的积土、污泥、垃圾、腐蚀性物质等，另外应检查人孔内部重点部位。

传输线路的日常巡检维护包括日常巡线和传输线路的例行检修维护等，维护内容和周期应不低于表 3-2 的要求。

表 3-2　日常巡线和检修维护工作内容及周期

工作类型	维护范围	维护周期	维护内容
日常巡线	管道光缆	一干每月 4 次，二干每月 3 次，汇聚层每月 2 次，接入层每月 1 次	检查路由表面管道上方无杂草、杂物和施工隐患，人井周围无沉陷、破损
			井圈、井盖无丢失、无损坏
			人手孔表面不高（低）于地面 2cm
	架空光缆		检查电杆（或水泥杆）是否有明显倾斜，杆号是否连续、完整；光缆警示牌、标识牌是否清晰、合理；铁件有无锈蚀、缺损
			检查拉线警示是否明显、地锚是否合格、距高比是否合理、拉线保护是否完好、拉线数量是否符合要求
			检查吊线净高、垂度；挂钩是否松脱、丢失；检查吊线数量与光缆条数是否匹配
			检查避雷线及接地装置、三线交越等是否符合技术规范
			检查架空线路的接头盒和预留处是否牢固、可靠，接头盒是否完好
			检查杆路周边环境是否有杂草、杂物或其他安全隐患
			检查改迁的光缆线路必须穿越铁路、公路、桥梁时，保护措施是否合理
			检查过路、过河等光缆高度是否满足安全要求

续表

工作类型	维护范围	维护周期	维护内容
	直埋光缆		光缆路由无严重凹陷，路由无明显杂草、杂物和施工等安全隐患
			光缆标识规范性检查，标石、宣传牌、警示牌是否完整，字迹清晰
			检查标石埋深是否合理，标石是否断裂、倒伏、缺失
	光交接箱		检查箱体表面清洁，无破损及其他安全隐患
			检查光交接箱门锁应该完好，无锈蚀
检修维护	管道光缆	按需	光缆挂有标识牌：标明运营商名称、中继段名称、光缆型号、光缆纤芯数量等，字迹要清晰
			光缆绑扎规范，走线排列整齐、干净，预留盘放整齐，固定良好
			人孔内光缆用软管保护，光缆的外护层及接头盒有无腐蚀、损坏或变形等异常情况，发现问题应及时处理
			管道人孔编号清楚，字迹醒目
			人孔内托架、托板完整良好
			地下室、走线架上的光缆挂有明显标识牌，标明中继段名称，字迹清楚
			检查管孔，进行管道试通，确保管孔畅通可用
			检查楼层间及局站内的光缆挂牌是否清晰、合理
			检查室内进线孔、地下室是否有渗水、漏水情况，进局管孔封堵情况
	架空光缆	按需	电杆（或水泥杆）埋深检查
			杆路逐杆检修
	直埋光缆	按需	光缆埋深检测
			接头标石、监测尾缆是否完好，接头盒防水检查
			地阻测试，光缆对地绝缘测试
			路由砍青、培土
	ODF 架	按需	检查光缆固定牢固，接地、规范挂牌，牌上标明起止点及纤芯数
			检查规范走线、绑扎齐整，无过紧现象，盘放最小弯曲半径应不小于 10 倍的尾纤外径
			检查尾纤标签规范张贴，注明光缆起止点、纤芯编号，标签粘贴牢固

工作类型	维护范围	维护周期	维护内容
		按需	检查表面清洁无积尘，ODF架、框编号无重复，清晰可辨
			检查纤缆跳接关系与资源管理平台资料的匹配核查修正
	光交接箱	按需	检查进出线孔封闭完好，防止进水和啮齿类动物进入箱体
			检查箱体应保证电气导通，并有完善的接地系统
			检查箱体活动部件应转动灵活、拔插适度、锁定可靠
			检查箱体内尾纤应盘放美观、所有尾纤须有机打清晰、准确的业务标签
			检查光缆引入箱体时，弯曲半径不小于光缆直径的20倍
			检查光交接箱ODF子框应该完好，无缺失法兰，每个法兰应无破损
			检查箱体内清洁无杂物
	所有类型光缆	按需	纤芯测试，即中继段光纤通道后向散射信号曲线检查

3.2.2 护线宣传

随着经济的发展，基础建设的投入越来越大，开工项目越来越多，由于有些建设施工单位在施工中不注意保护光缆线路，加之人为盗窃、恶意破坏等外力事件，这些情况已成为光缆线路受损的主要原因，导致通信阻断的次数日益增多，严重影响了通信网络的正常运行。特别是人为盗窃、恶意破坏有日益增加的趋势，偷盗破坏手段多种多样，防不胜防，给维护工作造成非常大的压力。因此，在做好日常维护工作外，切实做好护线宣传，提高社会群众的光缆知识，提高群众保护光缆的意识，认识到保护通信安全畅通的重要性，达到减少光缆故障、确保光缆通信网安全稳定运行的目的。

通过宣传活动普及关于保护通信光缆线路的法律法规知识，为线路维护工作营造良好的社会氛围，并且针对偷盗、恶意破坏等造成光缆线路受损的事件通过法律程序进行惩戒。《最高人民法院关于审理破坏公用电信设施刑事案件具体应用法律若干问题的解释》已于 2005 年 1 月 11 日起施行，目前，各省也制定了《电信设施建设和保护办法》，如 2017 年 3 月 31 日安徽省人民政府发布第 274 号政府令：《安徽省电信设施建设和保护办法》已于 2017 年 3 月 17 日由省人民政府第 102 次常务会议通过，现予公布，自 2017 年 6 月 1 日起施行。

宣传法律、运用法律保护光缆可进行以下工作。

（1）详细了解并合理利用相关法律法规，向居民群众传达破坏通信设施必将受到法律严惩，使民众提高护线意识，增强护线效果。

（2）加强依法整治力度，对通信线路安全构成危害的实质性问题，要重点加以解决。特别是挖掘机在光缆附近施工，危害性大，要重点进行宣传和防范。对不顾通信线路安全，违章施工，造成重大通信事故的，报请公安执法部门，加大处罚力度。

（3）加强与公安执法部门沟通，依法加强对国家各级通信网络的保护，公安部门具有组织侦破盗窃、破坏通信线路的违法犯罪案件，严厉打击盗窃、破坏通信线路的犯罪分子的能力与职责，为通信部门提供良好的护线治安环境。

1. 开展护线宣传活动的主要目的

（1）提高维护人员护线防障意识，增强维护经验；

（2）做好管线沿线居民群众的宣传，提高社会大众的护线意识；

（3）加强国土、建设、规划、交通、公安等各相关单位的联系，及时掌握基础设施建设信息；

（4）加强与线路上作业的施工单位的沟通联系，增加监控力度。

2. 开展护线宣传活动的主要内容

（1）制作宣传标牌，放置在光缆线路沿线，如图 3-1 所示。

图 3-1　护线宣传标牌示例

（2）保证标识、宣传牌到位，线路防护措施健全。

（3）制作宣传器材，在光缆线路沿线乡镇、村寨进行护线宣传，如图3-2 所示。

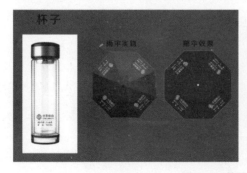

图 3-2　护线宣传品示例

（4）举行大型户外护线宣传活动。

（5）在电视、广播、报刊及杂志的媒体进行光缆线路维护广告宣传，提高社会群众对保护光缆线路安全重要性的认知。

（6）制作案例宣传短片在地方有线电视台播放。

（7）加强对国家制订的保护通信线路一系列法律法规的宣传，同时要加强对通信线路重要性的宣传，普及这方面的知识，抓好落实，取得实效。

3. 开展护线宣传活动的主要形式

定点护线宣传。对光缆路由途经的道路附近的居民区或街道等人员密集区域进行定点宣传，摆设固定宣传点，以拉横幅、播放宣传视频或音频、发放宣传单和宣传品的方式，宣传保护通信设施相关法律法规，如图 3-3 所示。

图 3-3　定点护线宣传现场

流动护线宣传。对光缆路由途经的道路沿线居民利用车辆或徒步进行流动宣传，如图 3-4 所示，在车辆上拉横幅播放宣传音频，沿线徒步发放宣传单和宣传品，宣传保护通信设施相关法律法规。

图 3-4　流动护线宣传现场

　　精准护线宣传。对正在光缆路由上方或附近施工的直接影响光缆安全的施工隐患现场进行精准护线宣传，发放宣传单和宣传品，宣传保护通信设施相关法律法规，如图 3-5 所示。

图 3-5　精准护线宣传现场

3.2.3　管道光缆线路维护

随着全国各个城市的大发展和大建设，出现大量需要动土的管廊、地铁、水利调度、公路扩宽等大规模政府重点工程，给管道光缆线路的维修和保护工作带来了越来越大的挑战。管道光缆线路是地下通信管道设施及通信管道内光缆的总称，主要是由管道、光缆、人（手）孔、室外引上管和引入管等组成。

管道光缆线路的日常维护包括管孔资源占用核对、人（手）孔光缆挂牌、管孔封堵、人（手）孔内清污、管道疏通、管孔不通障碍的修复、人（手）孔盖缺失或损坏的增补、人（手）孔内污水抽除、人（手）孔被填埋的恢复、人（手）孔口圈高或低于道路标高的升降等。

历年来，出现大量因市政建设频繁、设计不合理、工程建设质量等原因导致通信管道不够畅通的问题，主要体现在个别人孔被埋，两人孔管路之间有阻断点，人孔盖破碎无人更换等。这些问题的存在影响通信线路的畅通运行，不利于运行维护，同时也影响通信光缆线路工程建设的进度，存在安全隐患。总结管道光缆线路的维护要点如表 3-3 所示。

表 3-3　管道光缆维护要点

相关设施	维护要点	示意图
管道光缆	管道人孔内的光缆必须标有标识牌，若日常巡检发现有标识牌缺失或脱落，应及时补充，应定期清除人孔内光缆上的污垢	
	检查人孔内光缆走线是否合理，排列是否整齐，接头盒是否在托架上安装稳固，管孔口塑料子管是否封闭，预留光缆安装是否牢固等，发现问题要妥善处理	

续表

相关设施	维护要点	示意图
人（手）孔井盖	人（手）孔井盖缺失、受损是管道线路最常见的隐患，易造成过路人员受伤、车辆受损。 发现井盖受损或缺失后，维护人员应及时在该人（手）孔位置布放警示标识牌，防止行人意外跌落	 井盖丢失后做警示
	维护人员须尽快准备型号尺寸合适的井盖进行更换或补充	 井盖更换
人（手）孔沉陷、被埋	人（手）孔口圈在车行道上应高出路面1~1.5cm，在草地、土路或耕地上应高出自然地平面10~20cm，井圈盖应与地面平齐，日常维护巡检发现人（手）孔口圈高或低于道路标高时，须及时进行升降。 发现人（手）孔被施工堆土、垃圾、建筑材料等掩埋时，须及时安排施工人员进行清理，清理过程中应注意管道位置，防止挖伤管道及内部光缆	 人井口圈沉陷需及时升高

3.2.4 架空光缆线路维护

架空光缆主要应用于地质不稳定、市区无法直埋且无电信管道、山区和水网条件特殊及有杆路可利用的地段。与管道光缆相比，架空光缆容易受外界条件（如自然气候、人为因素）的影响，但架设简单，费用较低，路由巡线、故障抢修等日常维护工作便利。下面介绍架空光缆线路维护的工作要点。

1. 杆路检修

光缆杆路逐杆检修应定期进行，特殊气候环境如台风、洪水等涉及的区域，应该按需加大检修次数。要求做到杆身牢靠、杆基稳固、杆身正直、杆号清晰、拉线及地锚强度可靠，如图 3-6 所示。

杆身牢靠　杆身稳固　杆身正直　　　　杆号清晰　　　　拉线和地锚强度可靠

图 3-6　光路检修示意图

2. 吊线检修

检查吊线终结、吊线保护装置及吊线的锈蚀情况，吊线严重锈蚀应予以更换，如图 3-7 所示。检查吊线垂度，若发现明显下落时，应调整垂度。更换损坏的挂钩，并经常整理。

图 3-7　吊线检修示意图

3. 架空光缆检修

检查光缆的下垂情况，观察外护层有无异常现象。逐杆检修，检查杆上预留光缆及保护套管安装是否牢靠，接头盒和预留箱安装是否牢固，有无锈蚀、损伤，发现问题及时处理，如图 3-8 所示。

图 3-8　架空光缆检修示意图

4. 排除外力影响

剪除影响光缆的树枝，清除光缆及吊线上的杂物以及电杆下的堆草。检查光缆吊线与电力线、广播线交越处的防护、宣传装置是否齐全有效并符合规定，如图3-9所示。

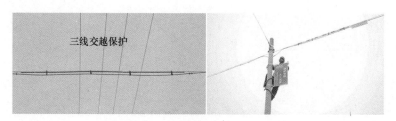

图 3-9 架空光缆保护检修示意图

3.2.5 硅管及直埋光缆线路维护

将硅管或光缆置于预先挖掘的合格光缆沟内的敷设方法称为直埋敷设。由于硅管及直埋光缆在野外敷设，为了避免受地面作业（如回填、挖掘等）、老鼠、白蚁的损害，日常维护时须对直埋路由的安全性以及标石、标识牌、护坡、护坎等设施重点关注。下面介绍硅管及直埋光缆线路的维护要点。

1. 硅管及直埋光缆埋深

硅管及直埋光缆埋深应符合要求，而且最浅不得小于标准的2/3（具体标准参考2.5.1节表2-15和表2-16）。

2. 路由路面维护

（1）光缆路由上无杂草丛生、严重坑洼，无挖掘、冲刷、光缆裸露等现象。

（2）无腐蚀物质及易燃、易爆品，无堆放重物，无影响光缆的建筑施工。

（3）规定隔距内无栽树、种竹等违章建筑。

（4）护坎、护坡无破损。

（5）硅管及直埋光缆与其他建筑物的隔距应符合标准要求（具体标准参考 2.5.1 节表 2-17）。

3. 直埋标石设置及维护

光缆路由标石应位置准确、埋设正直、齐全完整、内容正确、字迹清晰。并符合以下规定。

（1）光缆标石应埋在光缆的正上方。接头处的标石埋在直线光缆上，转弯处的标石埋在光缆线路转弯的交点上，编号和标识面向内角。当光缆沿公路敷设间距小于或等于 50m 时，标石编号和标识可面向公路。

（2）标石应尽量埋在不易变迁、不影响耕作与交通的位置。

（3）标石的编号应根据传输方向，由 A 端至 B 端排列，一般以一个中继段为独立单位。

（4）光缆接头、特殊预留点、排流线起止点、转弯处、同沟敷设光缆的起止点、与其他缆线交越点、穿越障碍物进入点和直线段每隔 50m 处均应设置普通标石，需要监测光缆金属护套对地绝缘和电位的应在光缆的接头处设立监测标石。

（5）下列情况应增设标石，并绘入维护图：处理后的障碍点；增加的线路设备点；与后设的管线、建筑物的交越点；介入或更换短段光缆处或其他需要增设的地方。

（6）标石分接头、转弯、预留、直线、监测、障碍等种类，编号和书写应符合规定的要求。

（7）护线宣传牌应完好无损。

3.2.6 外力影响防护作业

近年，城市建设尤其是市政建设方面的道路修整、改扩建以及其他开挖路面的工程逐年增多，大型机械施工破坏光缆线路导致通信中断的事故经常发生，各种有规划的、无规划的、预定的、突发的大大小小的施工不分昼夜地每时每刻都在威胁着通信线路安全,外力影响是造成光缆线路障碍发生的主要原因,加强外力影响防护作业及对外配合是减少因外力作用导致光缆线路障碍的有效手段。

1. 外力影响信息收集

对光缆线路外力影响要做到及时主动发现,要从多渠道了解和掌握施工信息。信息源主要包括市政工程管理处、重点工程建设管理局、规划设计单位、施工单位、巡线员日常巡视等,其中,巡线员日常巡视是发现外力影响信息的主要来源,巡线员一旦发现外力可能影响光缆线路,在做好现场保护和交底的同时应立即上报上级维护部门。维护主管要经常性地与市政建设部门以及自来水、排水、供电、供热、燃气等管线单位联系,并根据季节特点重点联系,根据实际情况评估对光缆线路的具体影响情况,参与或组织现场协调会,探讨、制订保护方案,并向施工方进行交底和护线宣传。

2. 外力影响类别划分

对不同的外力影响,应根据对线路的影响程度和线路的重要性等划分类别,区别对待,外力影响类别分为以下几种。

(1)一般巡视点。对于线路安全影响不严重、无大型机械施工或施工距离光缆在10m以上、不影响干线或汇聚层光缆安全的,可视为一般巡视点,巡线人员适当加强巡视,加强沟通协调与跟踪。

(2)重点巡视点。对于线路安全影响较严重、有大型机械施工或施工距离光缆在3~10m范围内、影响干线或汇聚层光缆安全的,可视为重点巡视点,巡线人员必须重点巡视,增加巡视频次,加强沟通联系跟踪,根据现场情况评估对光缆线路影响程度的变化,及时上报上级维护主管。

(3)专项盯防点。对于线路安全影响严重、大型机械施工较多、施工距离光缆3m以内或直接交越、影响干线或汇聚层光缆安全的或在重要通信保障期间,必须安排专项盯防,密切跟踪实施进度,确保光缆安全。

在外力影响实施过程中，其类别并不是一直保持不变的，而是动态变化的过程，在一般巡视和重点巡视过程中，因为现场施工方案的变化，可能会导致影响光缆线路程度日趋严重，需要安排专项盯防；而专项盯防点也会因为施工进度的不断推进，导致影响光缆线路程度逐渐降低，可逐步转为重点巡视、一般巡视直至施工结束、隐患结束，因此，在外力影响实施过程中，必须加强沟通协调与联系，实时跟踪施工进度，根据现场情况评估对光缆线路影响程度的变化，按类别动态制订保护方案。

3. 外力防护作业主要内容

（1）外力施工准备阶段，主要做好以下工作。

① 随工配合人员上岗前必须进行培训和现场交底，要有交底记录，维护单位技术负责人必须在现场对随工配合人员全面交底，要作具体的指导。

② 利用路由探测仪找准光缆线路的准确位置及埋深，并在管线上方及其 3m 范围内划白线或设置移动标石警示；设置醒目标识，如插彩旗彩带、增加标识牌、宣传牌等。

③ 及时向施工方相关人员清楚交代光缆线路准确路由走向位置及埋深情况。

④ 熟悉和掌握施工单位负责人姓名、联系方式、施工方案、进度、工期、施工队规模、大型挖掘机数量等。

⑤ 必须严格执行"三及时"和"四不准制度"。"三及时"：发现要及时、联系要及时、制止要及时。"四不准"：未签订"保护光缆线路安全协议"的不准施工、光缆线路未采取保护措施的不准开工、施工人员不了解光缆线路具体位置不准开工、随工配合人员不在现场时不准开工。

（2）外力施工配合阶段，主要做好以下工作。

① 随工配合人员必须执行"四有"制度：有协议、有措施、有标识、有记录。配合过程中要有"四不离"精神：施工单位不采取有效措施不离开、施工机械不停机不离开、施工人员不下班不离开、外力影响不结束不离开。

② 要注意人身安全，必须佩戴安全防护用品，夜间应身着反光衣，主

动与施工单位联系，确认施工时间，先于施工人员到场，迟于施工人员离场。

③ 让每个施工人员都清楚管线位置，对关键与危险部位标示清楚并指导施工。

④ 涉及管线段落较长，多台大型机械同时施工的，原则上每台施工机械安排一名盯防人员，管线裸露每 200m 安排一名随工盯防人员。

⑤ 对于正在施工的隐患点，必须每天电话联系施工负责人，了解当天的施工计划，根据施工计划合理安排隐患处理方式；对于暂时停工的隐患点，必须 3～5 天联系一次施工负责人，实时跟踪复工时间。

⑥ 发生紧急情况及时向上级主管汇报，并采取切实可靠的临时应急方案。

⑦ 轮流盯防时要做好交接班工作，接班人员未到达之前，原随工人员不得离开随工现场。

⑧ 做好护线宣传工作，重点加强对大型机械驾驶员的护线宣传，可采取发放护线宣传品、粘贴护线警示标识等多种形式。

⑨ 必须加大外力影响施工现场的线路设备维护力度，以高质量的路面维护，赢得施工单位的重视，对被施工和暴风雨等损坏的路由标识要及时补充、加固，始终保持路由显性化。

（3）外力施工结束阶段，主要做好以下工作。

外力施工结束后，需要安排维护人员进行管道试通，针对施工过程中受损管道联系施工单位及时安排修复。隐患消除后做好存档工作，根据现场情况做好维护资料的变更。

4. 加固保护措施

（1）对受到市政施工等外力影响而暂时不能迁改的光缆线路，应采取加固保护措施，以保证光缆线路免遭外力破坏。加固保护方案必须与施工单位共同制订，上报批准后组织实施。

（2）光缆线路的保护一般包括下沉、迁移、加套钢管、混凝土包封、盖板保护、悬吊、砖砌沟槽等，保护方案实施后能确保光缆线路的安全畅通。

（3）对于其他管线需要在光缆线路下方交越通过，使通信管道被悬空长度介于两人孔之间的情况，应采取对通信管线悬吊的保护方式，具体做法如下。

① 通过人工剖验确定通信管道准确位置、埋深，并做好标记。

② 通信管道两侧 3m 以内不得使用机械施工。

③ 用人工将管线交越处通信管道上部的土方清除，露出管道基础。

④ 以通信管道为轴，以其他管线沟宽度为边，距离通信管道两边沿外侧 20cm 处，排打咬口，防止塌方。排打钢桩宽带视其他管线沟土质情况，长度视其他管线沟深度确定，并要求钢桩顶部要高于地面 50cm，最低要与地面一致。

⑤ 在通信管道两侧，且位于通信管道基础下方 20cm 左右，平行通信管道架设两根钢梁，钢梁要与钢桩焊接牢固。

⑥ 逐步掏空通信管道基础下方 20cm 土方，逐步向这 20cm 空间填放 20cm 厚的木板，并横架在两根钢梁上。

⑦ 在两根钢梁上中线位置要做好沉降观测。一旦发现要发生沉降，及时对其加固。

⑧ 继续人工将通信管线下部土方清除，随时观察钢梁是否发生沉降。

⑨ 其他管线施工完毕，沿通信管道以下部分分部回填土并夯实。

⑩ 回填土达到通信管道基础时，逐步拆除木板和钢梁。

⑪ 回填土在通信管道两侧应保持均匀、同步，不能单侧回填后再回填另一侧。

（4）对于在大型立交桥工程中，需要将通信线路筑在承台内的情况，可采取加钢盒保护的方法。

（5）对于市政道桥建设工程，其桩位在通信管道上的情况，应尽量让施工单位改变桩位，不能更改时，应采取先向外挪移并加钢护筒保护打完桩后再恢复的方式，具体做法如下。

① 人工开挖长沟槽，挖出通信线路和管道人孔位，拆除通信人孔，将线路挪移到桩位外，用钢护筒保护（在高速公路隔离带上，可采取塑料管

加砖槽保护），然后再进行打桩作业。

②打完桩后开挖承台时将通信线路提升到承台面上，打完承台后，恢复井位。

（6）在直埋线路路由上建设公路时（交越）应加钢管保护，直埋线路附近建设化工厂、电厂等对通信线路有腐蚀时，应加硬塑管保护。

3.3 典型维护现场处理关键点

通信线路遍布城市乡镇农村的大街小巷、农田河沟等不同位置，周围环境复杂，通信线路维护现场更是复杂多变，遇到的各类场景也各有不同，一般情况下架空线路隐患较为明显，现场处理较为简单，而地下管线纵横交错，不确定性较大。本节主要介绍涉及地下管道维护现场处理关键点。地下管线维护现场处理方式主要有优化迁改、平移搬迁、悬吊保护、原地加固等。在不能确保管线安全的情况下，应优先考虑实施迁改，无法实施迁改时再考虑安排专项盯防及其他处理方式。

3.3.1 开挖施工现场处理关键点

市政建设和道路施工一般都会采取直接开挖方式，开挖施工前必须安排维护人员进行路由及深度探测，与施工方全面交底，共同评估对通信管线的影响程度，制订保护方案。

（1）涉及管线范围较长如整条道路施工，且在施工范围内，高程有冲突，可能会导致管道承载层完全报废，安排专项盯防也无法保证管线安全时，必须迁改割接至安全稳定的路由，待施工结束后再恢复管道承载层迁改恢复至原路由。

路由迁改关键点如下。

① 应优先考虑采取路由绕行优化迁改方案，完全避开施工区域，但需要考虑绕行路由处已有光缆与待割接光缆承载系统是否存在主备系统冲突，需要结合系统组网评估方案的可行性，如图 3-10 所示。

② 无法实施路由绕行迁改时可采取原地临时架空迁改方案，需要与施工单位共同确定临时架空路由，应尽量远离施工区域，起码在施工红线边缘，后期尽量不需要挪移，如图 3-11 所示。

图 3-10　临时架空迁改方案

图 3-11　绕行优化迁改方案

③ 迁改完成后需要跟踪原管道路由恢复情况，施工结束后需要迁改至原路由。

（2）涉及管线范围较小，距离施工红线范围较近，可考虑平移搬迁至施工范围外，并安排专项盯防，待施工结束后再原地恢复。外力施工结束后，需要安排维护人员进行管道试通，针对施工过程中受损管道联系施工单位及时安排修复。

平移搬迁关键点如下。

① 平移前需要估算光缆需要多少余量，从附近人孔中将余留光缆抽至该段管道前后两个人孔中，如余留光缆不足或前后两个人孔中有接头，将无法实施平移，如图 3-12 所示。

图 3-12　平移搬迁保护现场

② 实施平移时需要注意管道接头处可能会脱离，需要绑扎固定，管线尽量不要缠绕，需要检查光缆是否存在打小圈或绷得太紧的情况，需要联系网管值班人员确认系统运行是否正常，如图 3-12 所示。

（3）影响光缆线路程度较小，不在施工范围内或开挖深度较浅，安排专项盯防直至施工结束。外力施工结束后，需要安排维护人员进行管道试通，针对施工过程中受损管道联系施工单位及时安排修复。

3.3.2　穿越施工现场处理关键点

穿越施工主要有定向钻和顶管两类，定向钻在业界也被称为拉管，主要工序：导向—扩孔—注浆—回拖布管，这适合对高程控制要求不高的管道，如电力、燃气、自来水、通信管道等；穿越顶管主要工序：顶进—出土—下管—顶进，适用对高程控制要求较高的管道，如雨水、污水等。这两种穿越施工方式不同，对通信管线的影响和处理关键点也各不相同，如图 3-13 和图 3-14 所示。

图 3-13 定向钻穿越施工示意图及施工现场

定向钻施工现场处理关键点如下。

（1）施工前必须安排维护人员进行路由及深度探测，与施工方全面交底，共同评估对通信管线的影响程度，制订保护方案。定向钻的特点是在施工过程中可以改变方向和深度，要求施工方避开通信管线，同时需要注意后期扩孔拉管施工时，管群的直径会越来越大，需要考虑管群的最边缘位置与通信管线的最短间距宜大于 1m。

（2）光缆维护中使用的路由探测仪一般探测深度达到 2m 及以上时，其探测误差会越来越大，为避免因误探而导致故障发生，建议深度达到 2m 及以上时，宜采用施工方的专业探测仪表进行探测。

（3）外力施工结束后，需要安排维护人员进行管道试通，针对施工过程中受损管道联系施工单位及时安排修复。

（4）如因无法避开现场环境，需要考虑新建路由，实施迁改。

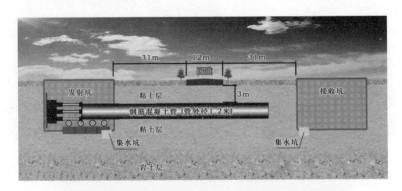

图 3-14　顶管穿越施工示意图及施工现场

顶管穿越施工现场处理关键点如下。

（1）施工前必须安排维护人员进行路由及深度探测，与施工方全面交底，共同评估对通信管线的影响程度，制订保护方案。顶管穿越施工的特点是，在施工过程中不可以改变方向和深度，因此，必须在施工前与施工方确认深度，要求施工方避开通信管线，管群的最边缘位置与通信管线的间距宜大于 1m。

（2）光缆维护中使用的路由探测仪一般探测深度达到 2m 及以上时，其探测误差会越来越大，为避免因误探而导致故障发生，建议深度达到 2m 及以上时，宜采用施工方的专业探测仪表进行探测。

（3）如因现场环境无法避开，需要考虑新建路由，实施迁改。

（4）顶管穿越施工前需要开挖作业坑，一般在主干道的路中线位置或者路边人行道位置，如与通信管线交越时，需要采取悬吊保护，待施工结束后回填。外力施工结束后，需要安排维护人员进行管道试通，针对施工过程中受损管道联系施工单位及时安排修复。

3.3.3 桩基施工现场处理关键点

桩基施工主要涉及电力或通信立杆、铁塔桩基、高铁高架立交桥桩基施工等，电力或通信立杆影响范围较小，提前与施工方做好交底，避开通信管线，安排专项盯防。铁塔桩基、高铁高架立交桥桩基施工影响范围较大，施工前应全面做好交底，尽量避开通信管线，因现场原因无法避开时需要协调施工方新建安全稳定路由，实施永久性迁改，如图 3-15 所示。

图 3-15 桩基施工现场

3.3.4 地基塌陷现场处理关键点

地基塌陷一般发生在城市道路下方，主要原因是地下管线复杂，路面夯实不彻底，或因雨污水管道破损水流冲刷导致水土流失，造成地下空洞，受外力影响造成塌陷。目前主要有两种处理地基塌陷方式：原地注浆、开挖夯实。注浆修补采用打孔注浆的方式，遇到此类场景现场探测管道位置，避免打孔时将管线钻坏。外力施工结束后，需要安排维护人员进行管道试通，针对施工过程中受损管道联系施工单位及时安排修复，如图 3-16 所示。

图 3-16 地面塌陷施工处理现场

开挖夯实的作业面较大，受外力影响较大，不排除继续塌陷的可能，为防止继续塌陷造成管道脱节，需要对该处光缆采取临时架空整治，待现场完全修复后再进行恢复性优化。

3.3.5 地铁、管廊等复杂施工现场处理关键点

近年来城市地铁施工和管廊施工较多，均为综合型施工项目，周期长，施工方案复杂。地铁施工主体采取盾构方式施工，一般不影响通信管线，而出站口施工靠近道路两侧，影响通信管线。一般分为 3 个施工阶段：第一个阶段为主体施工；第二个阶段为出口和通风口施工；第三阶段为路面恢复性施工。管廊建设首先会在道路两侧进行桩基施工，然后进行大面积开挖，开挖过程中需要加钢梁保护，管廊建成后再恢复路面。地铁和管廊等大型项目施工前会组织管线单位召开协调会，进行现场交底，明确通信管线影响程度。影响段落较长的应考虑实施迁改，但地铁施工一般在城市主干道，出站口施工范围比较局限，很难找到合适的位置进行临时架空迁改，可协调施工方在红线边缘新建管道路由，实施永久性迁改。管廊施工一般在道路中间施工，影响程度较小，主要是前期桩基施工影响过路管线，应考虑采取临时架空迁改，待路面恢复后再回迁至原路由，如图 3-17 所示。

经度:116.96911
纬度:31.070523
地址:中国安徽省安庆市桐城市同安路179号
时间:2018-09-13 17:31:46
IMEI: 863863035356044
备注:望溪路口—干町防

图 3-17　地铁、管廊施工现场

局部影响或影响范围较小，且无合适安全稳定路由实施迁改时，可考虑协调施工方采取悬吊保护。

悬吊保护关键点如下。

（1）需要在管线上方两侧位置寻找合适支撑点放置钢梁，或在管线下方安装支撑装置。

（2）不宜直接用钢丝捆绑管线，可在管线下方放置木板或硅管等保护装置后再悬吊。

（3）重点关注管道接头位置，绑扎固定后再悬吊保护。

第4章

光缆接续技术
要点

光缆接续是日常光缆迁改割接、故障处理等基础工作中的重要环节，具有工作量大、技术要求复杂的特点。尤其是近年敷设的长途干线光缆，纤芯数量较多，通常是96芯以上，对迁改施工和故障抢修人员的光缆接续技术提出了更高的要求。

光缆线路易发生故障的部位是接头，一般表现为光纤接头劣化、断裂，铜导线绝缘不良，接头盒进水等。上述故障的发生与光缆内部光纤接头增强保护方式、材料的质量密切相关，同时也与光缆接续工艺等因素有密切关系。光缆接续包括缆内光纤、铜导线等的连接以及光缆外护套的连接，其中，直埋光缆还应包括监测线的连接。

光缆接续、安装工序的内容

  光缆接续一般是指机房光纤分配架（ODF架）或线路终端盒（T-BOX）以外的光缆接续。光缆接续前，应掌握光缆程式、端别，同时确保光缆保持良好的状态，光纤传输特性良好（损耗低、频带宽、抗干扰能力强），护层对地绝缘合格。

  光缆接续就是把一条光缆终端与下一条光缆的始端连接起来，以形成连续光缆线路的操作全过程。

  其中，光纤接续的连接点称为光纤接头，对传输信号质量有很大的影响。如果光纤接续质量不高，一个光纤接头的损耗有可能相当于500～1000m长光纤的传输损耗，如图4-1所示。

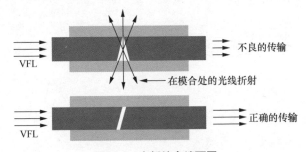

图4-1 光纤结合端面图

  光纤接续要求光纤接头的附加损耗小、接头的可靠性高、具有良好的机械性能、保持特性长期稳定。在现场施工时还要求操作熟练有序、尽量缩短接续时间。

4.1.1 光纤接续介绍

  光纤接续一般可分为两大类，光纤的固定接续（俗称死接头）和活动连接（俗称活接头）。

（1）活动连接一般是在机房内进行，利用光法兰盘把带有连接头的光纤进行连接，该方法灵活方便、操作简单。

（2）光纤固定接续是光缆线路施工中较常见的一种方法，其接续方法有熔接法和非熔接法两种。目前，光纤的固定接续大多采用熔接法，这种方法的优点是光纤的接续点损耗小、反射损耗大、安全可靠、受外界影响小。

光纤熔接法在国际上通常采取预放电熔接方式。1977 年，日本 NTT 公司首先改进成功的预放电方式，通过预熔（0.1～0.3s）将光纤端面的毛刺、残留物等清除，使端面趋于清洁、平整，使熔接质量、成功率有了明显提高。1977 年以后，世界上不少国家研制商品化多模光纤熔接设备，基本上都采用这种方式。

原中国邮电部第三工程公司研制成功 GQR 型光纤熔接机，于 1979 年在上海光纤切割连接技术交流会上亮相，很快在国内获得广泛的推广应用。同期武汉邮电研究院制造的电磁吸放程序自动多模熔接机也可达到平均 0.1dB 左右的连接损耗。

图 4-2 所示为光纤熔接机结构示意图。

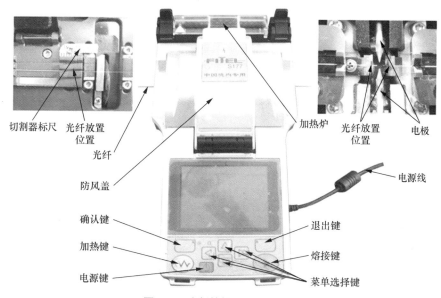

图 4-2 光纤熔接机结构示意图

4.1.2 光纤接续及安装工序

由于光缆的类型不同、光缆敷设的方法不同、选用的光缆接头盒也不同，因此，光纤接续以及接头盒等接头设施安装的方法也有一定区别，但主要工序步骤大体相同。

（1）光缆接续准备，接头盒组件安装；

（2）加强件固定或引出；

（3）铝箔层、铠装层连接或引出；

（4）光纤的连接及连接损耗的监控、测量、评价和余留光纤的收容；

（5）接头盒内对地绝缘监测线的安装；

（6）光缆接头处的密封防水处理；

（7）接头盒的封装（包括封装前各项性能的检查）；

（8）接头处余留光缆的妥善盘留；

（9）各种监测线的引上安装；

（10）架空、管道、埋式光缆接头盒的安装；

（11）接头标石的埋设安装。

4.2 光缆接续材料的要求

光缆接续材料直接影响光纤接头的附加损耗以及接头的可靠性，光缆接续对接头盒、接续仪器仪表和工具材料的质量性能具有很高的要求。下面将介绍对各类光缆接续材料的具体要求。图 4-3 所示为光缆接续时需要准备的器具材料，包括打开和封闭光缆接头盒时使用的螺丝刀等工具，剥缆使用的剥线钳、纵剖刀等工具，接续光缆时使用的熔接机，以及测试时使用的光时域反射仪、光功率计等工具。

 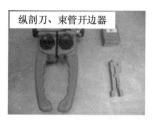 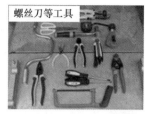

图 4-3　光缆接续器具材料

（1）光缆接头盒必须是经过鉴定的合格产品，埋式光缆的接头盒应具有坚固的机械性能和良好的防水、防潮性能。

（2）光缆接头盒的规格、程式及性能应符合设计规定。

（3）对于重点工程，应对接头盒进行试连接并熟悉其工艺过程，必要时可改进操作工艺，确认接头盒是否存在质量问题。

（4）光纤接头的增强保护方式，应采用成熟的方法。采用光纤热可缩保护增强时，其热可缩管的材料应符合工艺要求。光纤热可缩管应有备用品。

（5）光缆接头盒、监测引线的绝缘应符合设计规定，一般要求接近"+∞"。

（6）加强件、金属层等连接应符合设计规定方式，连接应牢固，符合操作工艺的要求。

4.3　光缆接续的方法与步骤

光纤熔接通常采用电弧焊接法，即利用电弧放电产生高温，使光纤熔化并焊接成为一体。高质量的熔接接头即使在显微镜下观察，也找不到任何痕迹。光纤熔接是实现光纤连接的唯一有效的方法。图 4-4 所示为光缆接续的 9 个步骤（包含器材准备步骤），下面将详细介绍部分相关步骤的具体要求。

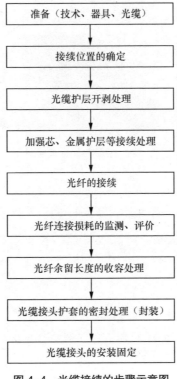

准备（技术、器具、光缆）

接续位置的确定

光缆护层开剥处理

加强芯、金属护层等接续处理

光纤的接续

光纤连接损耗的监测、评价

光纤余留长度的收容处理

光缆接头护套的密封处理（封装）

光缆接头的安装固定

图 4-4　光缆接续的步骤示意图

1. 接续位置的确定

（1）直埋光缆接头应安排在地势平坦和地质稳固的地点，避开水塘、河流、沟渠及道路等地段。

（2）管道光缆的接头应避开交通要道口。

（3）埋式与管道交界处的接头，应安排在人孔内。当条件限制，一定要安排在埋式处时，对非铠装管道光缆伸出管道部位应采取保护措施。

（4）架空光缆接头，一般应安装在杆上或杆旁 1m 左右。

2. 光缆护层的开剥及加强芯、金属护层等接续处理

（1）清洁外护层并套密封圈（有字的一侧朝外面），如图 4-5 所示。

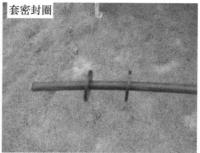

图 4-5　光缆护层开剥示意图 1

（2）测量开剥长度（180cm），并均匀分为 3 段开剥，如图 4-6 所示。

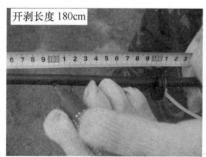

图 4-6　光缆护层开剥示意图 2

（3）去除外护层并剪除绑扎绳及光缆填充束管，如图 4-7 所示。

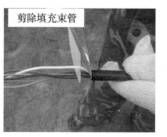

图 4-7　光缆护层开剥示意图 3

（4）剪除加强件并分离松套管，如图 4-8 所示。

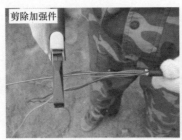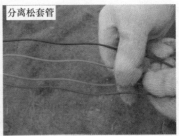

图 4-8　光缆加强芯处理示意图

（5）清洁松套管并打磨光缆。松套管的清洁至少需要 3 次，光缆打磨并清洁碎屑（距光缆端口 10cm），如图 4-9 所示。

图 4-9　光缆松套管清洁及光缆打磨示意图

（6）缠绕 23# 胶带并拧紧 L 支架及卡箍。用 23# 橡胶胶带缠绕 2～3圈（与端口平齐），加强件穿入 L 型支架的固定螺丝中拧紧，固定时钢箍中心线距光缆切口 0.6～1cm。后续将加强件进行回弯处理，如图 4-10 所示。

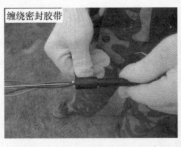

图 4-10　制作 L 型支架示意图

（7）套保护帽、上胶条并固定在接头盒上。将做好的端头固定在接头盒上时需要贴保护膜来防止沾上灰尘，如图 4-11 所示。

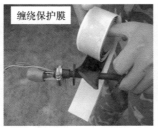
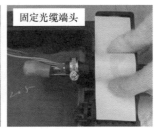

图 4-11 固定和保护措施示意图

3.光纤的接续

光纤接续前要做好端面处理等准备工作，端面的制备水平与熔接的衰耗值有很大关系。在熔接过程中，要注意将光纤对准，进一步控制好接头衰耗值。主要操作要求参见表 4-1。

表 4-1 光纤接续相关操作要求

相关项目	操作要求	示意图
光纤端面处理	去除套塑层：按照接头盒说明书中的要求剥离一定长度的套塑层。去除一次涂层：剥开光纤涂覆层	
	清洗：用酒精棉球将光纤擦拭干净	
	切割、制备端面：用光纤切割器切割光纤（切割长度为 8～16mm）	
	将切割好的光纤放到光纤熔接机的一侧，端面不得超过电极	

续表

相关项目	操作要求	示意图
光纤的对准及熔接	将另一根切割好的光纤放到光纤熔接机的另一侧，端面不得超过电极	
	按"SET"键开始熔接光纤，熔接结束观察损耗值，熔接不成功会告知原因	
	用光纤热缩套管完全套住裸纤部分，放入加热炉中，按"HEAT"键加热	

4. 光纤余留长度的收容处理

光纤熔接完成后，需要在接头盒中进行余留收容（盘纤）。光纤余长可以在处理熔接点故障时发挥作用，再次进行熔接。盘纤方法得当，纤芯摆放整齐有序，会降低熔接点二次故障处理工作的难度，同时盘纤操作熟练，也会降低整个光缆接续工作的时长。盘纤的主要方法有近似直接法、平板式盘绕法、绕筒式收容法、存储袋筒形卷绕法 4 种，如图 4-12 所示。

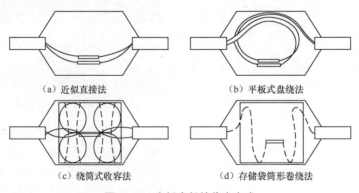

（a）近似直接法　　　　　　　　　　（b）平板式盘绕法

（c）绕筒式收容法　　　　　　　　　　（d）存储袋筒形卷绕法

图 4-12　光纤余长的收容方式

5. 光缆接头护套的密封处理

（1）光缆接头盒的密封处理主要是两端用螺丝连接封口，外部再用热缩管密封，具有隔水、防潮的性能。如果因修理故障须打开热塑封带，修复后可用拆卸的热缩套管封装，可保证防水、防潮的性能。

（2）光缆接头盒封装的基本要求是封装完成后，接头盒必须不渗水、不返潮，以保证光纤具有可靠的性能。要做到这一点，就要注意接头盒密封条的安装工艺，只要细致、认真、工艺严格，就能保证安装质量。

6. 光缆接头的安装固定

日常维护中直埋、架空、管道 3 种类型的接头安装固定方法如下。

（1）直埋光缆接头。

直埋光缆接头安装一般分为"两头进"方式和"一头进"方式。在接头坑中的光缆方向要求如图 4-13 所示。

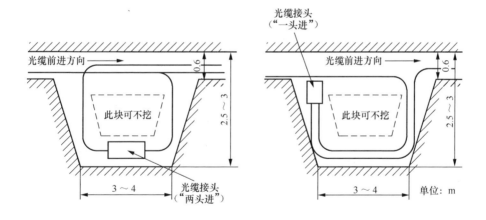

图 4-13　直埋光缆接头坑示意图

直埋光缆接头上方 20cm 须添加水泥盖板进行保护，接头下方须垫填 10cm 厚的细土，如图 4-14 所示。

（2）架空光缆接头。

架空光缆接头盒一般分为卧式和立式。立式接头盒一般固定在电杆上，光缆余留盘绕在电杆两侧的余留架上；卧式接头盒一般固定在电杆旁的吊线上，光缆余留盘绕在接头盒两侧或相邻电杆的余留架上。根据接头盒类型的不同，安装方式也有所区别。

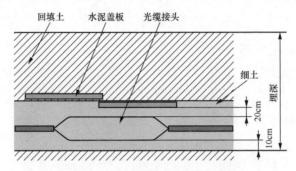

图 4-14　直埋光缆接头安装示意图

① 卧式接头盒：卧式接头盒应装设在距电杆 50～100cm 处，用接头盒抱箍将接头盒固定在吊线上。

② 立式接头盒：立式接头盒要安装在吊线包箍的上方 5～10cm 处，接头盒顶端与电杆顶端平齐为宜。接头盒与吊线要垂直，如图 4-15 所示。

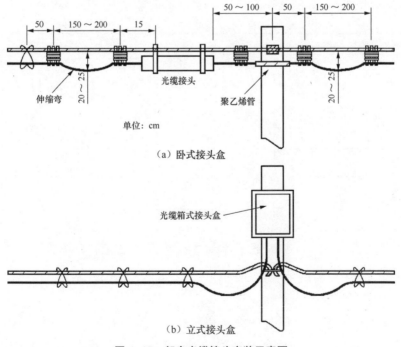

图 4-15　架空光缆接头安装示意图

（3）管道光缆接头。

管道光缆接头盒两侧进出的光缆须放置在规定的托架上，并应留适当余量，避免光缆绷得太紧造成纤芯质量逐渐劣化。接头所在人（手）孔内的光缆预留应符合设计要求。光缆接头盒固定在人（手）孔壁或电缆托架上，安装在常年积水水位以上及便于维护的位置，如图 4-16 所示。

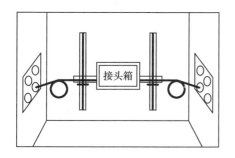 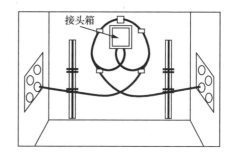

图 4-16　管道人孔接头箱（盒）安装图

4.4　光缆接续的注意事项

1. 接续前准备工作

光缆接续前，应核对光缆的型号、端别，且光缆应保持良好的状态。检查护层对地绝缘电阻是否合格，以防止光缆错接或将不合格的光缆接续后返工。

2. 光缆及光纤的余留

光缆接头和接头护层光纤的余留应留足，光缆余留一般不少于 4m（接头处光缆余留 8～10m，机房接头光缆余留 15～25m），接头护套内的光缆余留长度不少于 60cm（按设计要求一般为 1.2～2m），如图 4-17 所示。

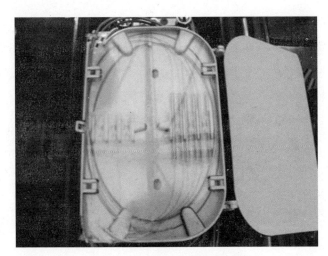

图 4-17 接头盒盘纤余留现场图

3.光缆开剥技巧

光缆开剥时注意进刀深度，光缆外护套开剥的关键是掌握好护套切割刀的进刀深度，否则很容易发生断纤。在实际操作中，应边旋转护套切割刀，边注意观察切口处，若能看见白色的聚酯带，则应停止进刀，取下切割刀。这个步骤是个熟练的过程，须进行多次练习才能掌握进刀深度。光缆纵剖示意图如图 4-18 所示。

图 4-18 光缆纵剖示意图

4. 纤芯束管的开剥

光缆开剥后，将光缆固定在光缆接头盒内，开剥纤芯束管，做好光纤熔接前的各项准备工作，此时应注意以下事项。

（1）纤芯束管不能扭绞。在固定光缆之前，必须注意纤芯束管所处位置，加强件穿过固定螺丝时，加强件的下面必须是填充束管，不能是纤芯束管，纤芯束管必须处于加强件进入光纤收容盘的同侧，不能在加强件上扭绞。加强件如果压在纤芯束管上，纤芯束管受力变形会导致损耗过大，在纤芯束管中的光纤也会因长期受力发生断裂，给工程留下隐患。

（2）加强件的长度要合适。确定好纤芯束管的位置后，就可以固定光缆了。光缆的固定必须使光纤在接头盒里的位置不会产生松动，避免因光缆位置的移动而导致光纤损耗增大或断纤的问题。光缆的固定分为加强件的固定和光缆其余部分的固定。加强件的固定要注意其长度，太长，在接头盒内放不下；太短，起不到固定光缆的作用。一般在剪断加强件时，应使固定光缆的夹板与固定加强件螺丝之间的距离与所留长度相当。光缆其余部分的固定则是在固定好加强件以后，用螺丝拧紧夹板，将其紧紧固定在接头盒的光缆进口处。

（3）纤芯束管的开剥长度要合适。固定好光缆后，就可以开剥纤芯束管了。开剥长度过长，抵到光纤热缩管放置槽，在盘纤时就会损伤余纤；开剥长度过短，固定纤芯束管时，固定卡子就会卡在光纤上，容易损伤光纤。因此，一般将束管开剥到过了两个固定卡口为宜，在这个长度纤芯束管不会造成光纤受力损伤，也能很好地固定。但固定时卡子不能卡得过紧，否则纤芯束管的光纤会因受力增加损耗，时间长了光纤就会断裂，给工程留下隐患。束管开剥示意图如图 4-19 所示。

图 4-19　束管开剥示意图

5. 光纤端面的制备

光纤的接续直接关系到工程的质量和寿命，其关键在于光纤端面的制备。光纤端面平滑，没有毛刺或缺陷，熔接机能够很好地工作，并能做出满足工程要求的接头。如果光纤端面不合格，熔接机则不能很好地工作，或接出的接头损耗很大，不符合工程要求。

如图4-20所示，在制作光纤端面的过程中，在剥出光纤涂覆层时，剥线钳要与光纤轴线垂直，确保剥线钳不刮伤光纤；在切割光纤时，要严格按照规程来操作，使用端面切割刀要做到切割长度准、动作快、用力巧，确保光纤是被崩断的，而不是压断的；在取光纤时，要确保光纤不碰到任何物体，避免端面碰伤，这样制作出来的端面才是平滑的、合格的。

熔接机是光纤熔接的关键设备，也是一种精密程度很高且价格昂贵的设备。在使用过程中必须严格按照规程来操作，否则可能会造成重大损失。特别需要注意的是熔接机的操作程序，热缩管的长度设置应符合要求。

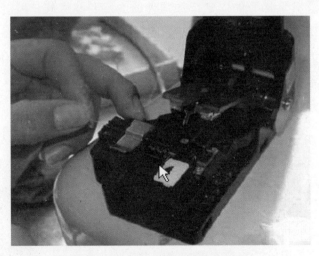

图4-20　光纤端面制备示意图

6. 盘纤

光纤熔接好后，既要对光纤进行热缩管保护，又要对余纤进行盘放。盘纤是一门技术，也是一门艺术，如图4-21所示。科学的盘纤方法，可使光纤布局合理，附加损耗小，经得住时间和恶劣环境的考验，可避免挤压造成的断纤现象。

（1）光纤在盘纤过程中，盘纤弯曲半径不能太小，一般不能小于4mm。弯曲半径太小，容易造成折射损耗过大和色散增大。时间长了，也可能出现断纤的现象。

（2）在盘纤时，注意光纤的扭曲方向，一般是倒"8"字形，注意不要扭断光纤，盘完后将光纤全部放入收容盘的挡板下面，避免封装时损伤光纤。

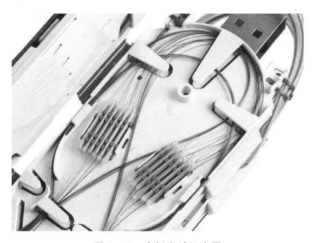

图 4-21 余纤盘放示意图

第 5 章

线路仪器仪表
使用要点

光缆线路在施工和维护中所使用的多为精密仪器仪表，对操作要求较高，平时应妥善保管、严格管理、正确操作，才能使测试仪表达到最佳的工作状态。本章主要介绍光缆线路工程和维护中所使用仪器仪表的基本工作原理、性能和使用方法，并侧重于实际操作。

5.1 光时域反射仪

光时域反射仪（OTDR）又称后向散射仪或光脉冲测试器，是光缆生产、施工及维护工作中不可缺少的重要仪表，被人称为光通信中的"万用表"，如图 5-1 所示。在光缆线路工程施工和维护中，可通过 OTDR 测量光纤的插入损耗、反射损耗、光纤链路损耗、光纤的长度和光纤的后向散射曲线等。

OTDR 具有功能多、体积小、操作简便、可重复测量且不需要其他仪表配合等特点，具有可自动存储测试结果、自带打印机等优点。

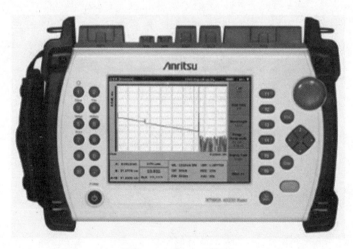

图 5-1　OTDR 示意图

5.1.1　工作原理

OTDR 利用其激光光源向被测光纤发送一光脉冲，光脉冲在光纤本身及各特征点上会有光信号反射回 OTDR。反射回的光信号又通过一个定向耦合器耦合到 OTDR 的接收器，并在这里转换成电信号，最终在显示器上显示出结果曲线。OTDR 的组成方框图如图 5-2 所示。

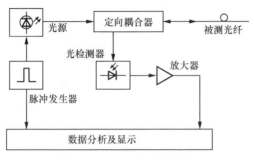

图 5-2　OTDR 组成方框图

1. 常用术语

（1）背向散射。

定义：光纤自身反射回的光信号称为背向散射光（简称背向散射）。

原因：光纤中存在瑞利散射。

应用：OTDR 正是利用其接收到的背向散射光强度的变化来衡量被测光纤上各事件损耗的大小。

（2）非反射事件。

光纤中的熔接头和微弯都会带来损耗，但不会引起反射。由于它们的反射较小，我们称之为非反射事件。非反射事件在 OTDR 测试结果曲线上，以背向散射电平上附加 1 个突然下降台阶的形式表现出来，如图 5-3 所示。

（3）反射事件。

活动连接器、机械接头和光纤中的断裂点都会引起损耗和反射，我们把这种反射幅度较大的事件称之为反射事件。

（4）光纤末端。

光纤末端通常有两种情况，第一种情况为一个反射幅度较高的菲涅尔反射，第二种情况为光纤末端显示的曲线从背向反射电平简单地降到

OTDR 噪声电平以下。在 OTDR 测试曲线中会有不同的反映，如图 5-4 所示。

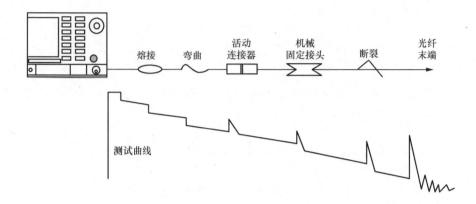

图 5-3　OTDR 测试曲线图

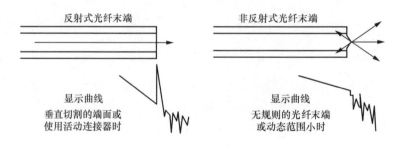

图 5-4　光纤末端的 OTDR 曲线呈现

2.OTDR 的性能参数

（1）动态范围。

我们把初始背向散射电平与噪声电平的差值定义为动态范围。动态范围可决定最大测量长度，大的动态范围可提高远端小信号的分辨率，动态范围越大，测试速度越快，动态范围是衡量仪表性能的重要指标。动态范围决定 OTDR 纵轴上事件的损耗情况和可测光纤的最大距离。

（2）盲区。

盲区是决定 OTDR 测量精细程度的重要指标。我们将由活动连接器和机械接头等特征点产生反射后引起 OTDR 接收端饱和而带来的一系列"盲点"称为盲区。对 OTDR 来说，盲区越小越好，盲区决定 OTDR 横轴上事件的精确程度。

产生盲区的主要因素是反射事件，我们通常采用接入光纤的方式来消除盲区，接入光纤与被测光纤连接必须采用熔接方式，接入光纤的长度必须大于 OTDR 的衰减盲区。在 OTDR 脉冲幅度相同的情况下，脉冲宽度越大，动态范围就越大，盲区就越大。仪表给出的盲区是指最小脉宽时的指标。

（3）距离精度。

距离精度是指测试光纤长度时仪表的准确度。OTDR 的距离精度与仪表的采样间隔、时钟精度、光纤折射率、光缆的成缆因素和仪表的测量误差有关。

5.1.2 操作规范

1. OTDR 的功能键

如图 5-5 所示，功能键通常包括①电源键；②功能键和数字键盘；③退格键；④箭头键；⑤旋轮；⑥软功能键；⑦主菜单；⑧测试开始键；⑨确认键；⑩取消键。

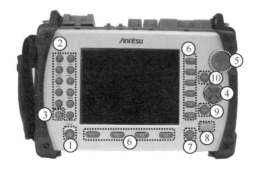

图 5-5　OTDR 功能键示意图

2. 测试操作

OTDR 测试操作包含以下 6 个步骤。

（1）启动仪表。

（2）模式选择。选择需要的测试模式（故障定位模式、轨迹分析模式、工程测试模式）、光源和光功率计等。

（3）配置测试条件。在 OTDR 测试的操作步骤中，最重要的步骤就是配置测试条件。OTDR 的测试设置主要包括波长、距离范围、脉宽、折射率、平均化次数等参数的设置，如图 5-6 所示。

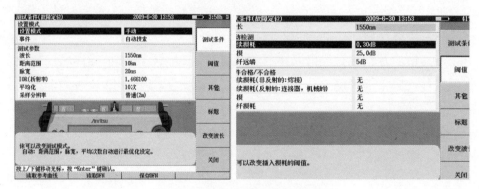

图 5-6　OTDR 测试条件配置示意图

OTDR 测试的常用参数设置规范如下。

① 波长：1550nm。目前常见的传输系统都是工作在 1550nm 波段。

② 距离范围：所测中继段的 1.5 倍。

③ 中继段长度与平均化时间的设置关系如表 5-1 所示。

表 5-1　OTDR 测试的平均化时间设置

中继段长度（km）	平均化时间设置（s）
<10	10～30
10～40	30～45
40～80	45～90
80～120	90～120
>120	120～180

④ 设置合适的脉宽，通常的脉宽有：3ns、10ns、30ns、50ns、100ns、300ns、1μs、3μs、10μs，表 5-2 所示为中继段长度与脉冲宽度的匹配表。

表 5-2　OTDR 测试的脉冲宽度设置

中继段长度（km）	脉冲宽度设置
<10	5～10ns
10～40	10～100ns
40～80	100～300ns
80～120	300～1μs
>120	1～10μs

⑤ 折射率：1.4681。对于 SiO$_2$ 光纤而言，在 1550nm 波长时，平均折射率为 1.4681；在 1300nm 波长时，平均折射率为 1.4675。

⑥ 接续损耗阈值：取最小值 0.01dB。

（4）执行曲线的测试。测试条件设置好后，按测试开始键开始测试相应的曲线。

（5）分析测试的结果，通过曲线上的事件点信息分析测试结果。

（6）文件的存储和结果的打印。

3. OTDR 测试中的常见问题

（1）伪增益现象：接头后光反射电平高于接头前光反射电平的现象，一般易出现在光纤接头处。

产生原因：接头点之后的光纤反射系数大于接头点之前的反射系数。

伪增益的测试：伪增益并不是真正的增益，在对光纤接头点插入损耗进行测试时可采用双向测试的方法进行测量，求两次测试的平均值作为该接头点的接续损耗。伪增益测试示意图如图 5-7 所示。

（2）幻峰（又称鬼点）现象：是指在光纤末端之后出现的光反射峰，如图 5-8 所示。

形成原因：由于光在光纤中多次反射而引起的。

判断：已知光纤长度，超出长度后形成的反射峰。

消除方法：把光纤末端放入光纤匹配液中或把光纤末端打一直径较小的结等。

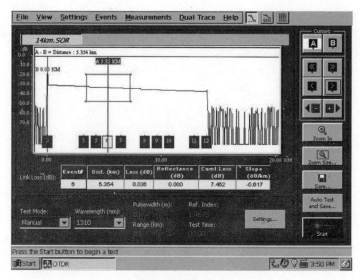

图 5-7　OTDR 测试伪增益现象示意图

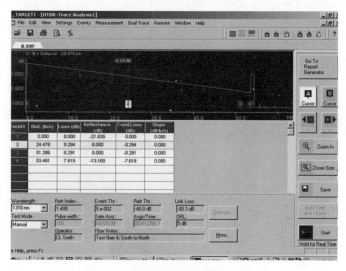

图 5-8　OTDR 测试幻峰现象示意图

5.1.3　使用场景

　　OTDR 仪表广泛应用于光缆线路的日常维护生产中,是最常用的一种仪表,主要用于事件点测试、纤芯质量测试等。

1. 光缆障碍测试

用 OTDR 测试出故障点到测试端的距离，仪表显示屏上通常显示如下
4 种情况。

（1）显示屏上没有曲线。这说明光纤故障点在仪表盲区内，可以串接
一段测试纤，并降低测试盲区范围，从而分辨出故障点的位置。

（2）曲线远端位置与中继段总长明显不符。此时，后向散射曲线的远端
点即为故障点。如该点在接头点附近，应首先判定为接头处断纤；如障碍点
明显偏离接头处，应准确测试距离，然后对照资料，并到现场进行查找，
如图 5-9 所示。

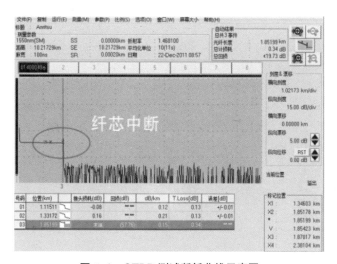

图 5-9　OTDR 测试断纤曲线示意图

（3）后向散射曲线的中部无异常，但远端点又与中继段总长相符。远
端出现强烈的菲涅尔反射峰，提示该处应为端点，不是断点，可能是活动
连接器松脱或污染；远端无反射峰，说明该处光纤端面为自然断纤面，可
能为断纤或活动连接器损坏；远端出现较小的反射峰，呈现一个小凸起，
提示该处光纤出现裂缝，造成损耗很大。

（4）显示屏上的曲线显示高衰耗点或高衰耗区。高衰耗点一般与个别
接头部位相对应，该点的出现表明该处的接头损耗变大，可打开接头盒重
新熔接。高衰耗区表现为某段曲线的斜率明显增大，提示该段光纤衰减变

大，如果必须修理，只有将该段光缆更换掉。

2.光缆衰耗点测试、接续测试

常见的光缆衰耗点测试如图 5-10 所示，可以得到接头损耗的位置及大小、平均衰耗等信息，通过这些信息可以判断出是否需要对衰耗点进行修复或者重新接续。

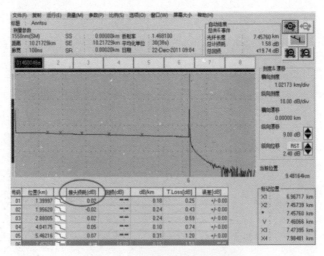

图 5-10   OTDR 测试曲线示意图

5.2   光纤熔接机

光纤熔接机是光纤固定接续的专用工具，可自动完成光纤对芯熔接和推定熔接损耗等功能。光纤熔接机根据被接光纤的类型的不同可分为单模光纤熔接机和多模光纤熔接机；根据一次熔接光纤芯数的不同可分为单纤熔接机和多纤熔接机；根据操作方式的不同可分为人工（或半自动）熔接机和自动熔接机；根据接续过程中监控方式的不同可分为远端监控方式（第一代）熔接机、本地监控方式（第二代）熔接机和纤芯直视方式（第三代）熔接机。

5.2.1 工作原理

以第三代熔接机为例，光纤熔接机是利用高压电弧将两光纤端面熔化的同时用高精度运动机构平缓推进，让两根光纤融合成一根，以实现光纤模场的耦合。

光纤熔接机中对纤芯熔接的把控是通过以下原理实现的。当平行光从侧面照射到光纤上时，由于光纤产生折射，可以观察到纤芯和包层以及包层和空气之间的明暗图像，移动显微镜可以观察到光纤的水平及垂直画面。光线通过物镜被聚焦到电荷耦合器上，得到模拟视频信号，再通过模 / 数转换电路，变为数字信号，熔接机内的微处理器对图像进行处理和识别，从而可以直观显示纤芯和包层的对准情况。

5.2.2 操作规范

1. 熔接机自动熔接操作流程

熔接机自动熔接是光纤接续中最常用的熔接方式，也是熔接机加电后自动选择的熔接方式。在该方式下，将处理好的光纤的两个端面放入光纤熔接机中，熔接机将自动完成光纤进纤、对芯、熔接和推定熔接损耗等操作。具体熔接流程图如图 5-11 所示。

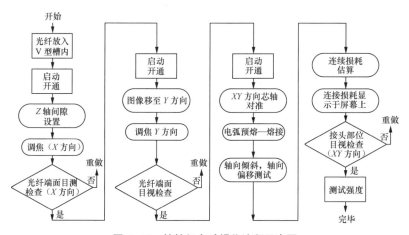

图 5-11 熔接机自动操作流程示意图

2.熔接机使用注意事项

（1）熔接作业时，会有高压加在电极棒上，请千万不要触摸电极棒。

（2）熔接机在使用中，务必接好地线。

（3）熔接机必须在干燥状态下使用，如果被淋湿，请用电吹风吹干后再使用。

（4）熔接机禁止使用任何润滑剂。

（5）不可使用冷却剂瓦斯，因为在放电时，它会产生有害气体，导致接触不良。

（6）光纤熔接机是精密机械，灰尘、泥土、细沙以及湿气等会造成机械动作不良，应特别注意。

（7）如果灰尘进入镜头及内镜，用浸有酒精的棉棒轻轻擦去灰尘，注意不要损伤镜头和内镜。

（8）以一年一次定期检修为宜。

3.熔接过程中的异常情况及处理

在熔接操作过程中，由于熔接机或操作原因，可能会出现一些操作异常现象，此时熔接机自动停止。在遇到异常现象发生时，请先按下"RESET"键，再根据异常情况做出正确判断，找出正确的处理问题的方法，按操作规程排除异常情况，恢复熔接操作。常见异常现象及产生的原因和处理方法如表5-3所示。

表5-3　熔接机异常现场处理方法

屏幕显示异常现象	可能的原因	处理方法
ZLF ZRF 极限	光纤相距太远，不在 V 型槽中	重新放置光纤，重新调好压钳杆，检查切断长度是否太短
端面不良	端面不好；有灰	重新处理端面，清扫反光镜
MSX、Y（F、R）极限	—	复位，重新固定光纤，关断电源，重新开机，检查驱动时间
VX、Y（F、R）极限	—	清扫 V 型槽，复位或切断电源，检查驱动时间，重新固定光纤
画面太暗、发黑	光纤挡住照明灯	重新固定光纤，检查光纤长度
无故障暂停	—	复位、断电重新启动
外观不良	—	重新接续，调整光纤推进量

4. 熔接质量评估

熔接质量的好坏是通过判断熔接处外形是否良好得来的，推定的熔接损耗只能作为熔接质量好坏的参考值，而不能作为熔接点的真实损耗值。真实损耗值必须通过 OTDR 测试得出。但熔接点的熔接质量也可通过熔接点的外形和推定损耗，大致判断熔接质量的好坏。其具体质量评估、形成原因和处理方法如表 5-4 和表 5-5 所示。

表 5-4　熔接质量较差情况下的处理方法

屏幕上显示图形	形成原因及处理方法
	由端面尘埃、结露、切断不良以及放电时间过短引起；熔接损耗很高，需要重新熔接
	由端面不良或放电电流过大引起，需要重新熔接
	熔接参数设置不当，引起光纤间隙过大，需要重新熔接
	端面污染或接续操作不良。选按"ABC"追加放电后，如黑影消失，推算损耗值又较小，仍可认为合格；否则，需要重新熔接

表 5-5　熔接质量正常情况下的处理方法

屏幕显示图形	形成原因及处理方法
白线	光学现象，对连接特性没有影响
模糊细线	光学现象，对连接特性没有影响
包层错位	两根光纤的偏心率不同。推算损耗较小，说明光纤仍已对准，质量良好
包层不齐	两根光纤的外径不同。若推算损耗值合格，可看作质量合格
污点或伤痕	应注意光纤的清洁和切断操作

5.2.3　使用场景

光纤熔接机广泛应用于与纤芯熔接相关的操作当中，如图 5-12 所示，例如，光缆工程的光缆接续、光缆工程的光缆成端、光缆单盘测试纤芯连接、光缆故障抢修的光缆接续等。

图 5-12 抢修和割接的使用场景示意图

5.3 光源及光功率计

5.3.1 光源

光源是光纤测试的主要组成部分,是光特性测试不可缺少的信号源。光纤通信测量中使用的光源有 3 种:稳定光源、白色光源(宽谱线光源)及可见光光源。

● 稳定光源是测量光纤衰减、光纤接续损耗以及光器件的插入损耗等不可缺少的仪表。根据采用发光器件的不同,稳定光源又可分发光二极管(LED式)和激光二极管(LD式)两类。

● 白色光源是测量光纤、光器件等损耗波长特性用的最佳光源,通常以卤钨灯作为发光器件。

● 可见光光源一般用于简单的光纤断纤障碍测试、光器件的损耗测量、端面检查、纤芯对准及数值孔径测量等,以氦–氖气体激光器作为发光器件。

1. 光源工作原理

(1)发光二极管式稳定光源。

发光二极管是比较稳定的半导体发光器件，只要工作环境的温度保持一定，其输出光功率就可以在长时间内保持稳定。为了稳定发光二极管的输出光功率，一般采用如图 5-13 所示的温度补偿式的稳定电路。

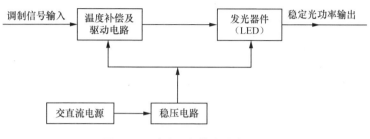

图 5–13　发光二极管式稳定光源

（2）激光二极管式稳定光源。

影响半导体激光器（LD）输出光功率不稳定的因素很多，如阈值电流、功率效率随温度和时间的变化等。因此，应为 LD 的工作环境温度进行恒温控制，即采用自动温度控制（ATC），同时对 LD 的输出光功率也应进行稳定控制，即采用自动功率控制，具体电路如图 5-14 所示。

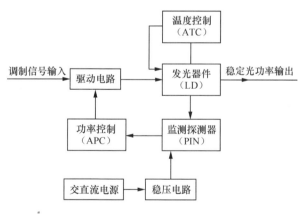

图 5–14　激光二极管式稳定光源

2. 使用注意事项

在光源的使用过程中，应注意以下事项。

（1）注意使用的波长，稳定光源波长应与之相符。

（2）注意稳定光源内部尾纤与待测光纤及连接器的型号与特性。

（3）保持光功率输出端口的清洁，不用时应盖上防尘罩。

（4）注意稳定光源的调制方式，外调时，必须选择合适的调制信号。

5.3.2 光功率计

光功率计是用来测量光功率大小、线路损耗、系统富裕度及接收机灵敏度等的仪表，是光纤通信系统中最基本，也是最主要的测量仪表。

光功率计的种类很多，根据显示方式的不同，可分为模拟显示型和数字显示型两类；根据可接收光功率大小的不同，可分为高光平型（测量范围为9～-40dBm）、中光平型（范围为0～55dBm）和低光平型（范围为0～90dBm）3类；根据光波长的不同，可分为长波长型（范围为1.0～1.7μm）、短波长型（范围为0.4～1.1μm）和全波长型（范围为0.7～1.6μm）3类；此外，根据接收方式的不同，还可将光功率计分为连接器式和光束式两类。

1. 工作原理

光功率计一般由显示器（又称指示器，图5-15属于主机部分）和检测器（探头）两大部分组成，如图5-15所示。图5-16为一种典型的数字显示式光功率计的原理方框图。图中的光电检测器在受光辐射后，产生微弱的光生电流，该电流与入射到光敏面上的光功率成正比，通过 I ／ U（电流／电压）变换器变成电压信号后，再经过放大和数据处理，便可显示出对应的光功率值的大小。

图 5-15　光功率计示意图

图 5-16　光功率计原理框图

2. 操作按键

（1）"DEL"删除数据键：删除测量过的数据。

（2）"dBm/ W REL"键：测量结果的单位转换，每按一次此键，显示方式在"W"和"dBm"之间切换。

（3）"λ"键：作为光源模式时，1310nm 和 1550nm 波长转换，常用1550nm。

（4）"λ/+"键：6 个基准校准点切换，有 6 个基本波长校准点：850nm、1300nm、1310nm、1490nm、1550nm、1625nm。

（5）"SAVE/-"键：存储测量数据。

（6）"LD"键：光功率计与光源模式转换。

（7）"POWER"键：电源开关。

3. 操作流程与注意事项

光功率计的操作流程包括仪表校准、尾纤选择、清洁尾纤、端口连接、仪表设置、测试读取 6 个步骤。在使用光功率计时应注意以下几点。

（1）选择与待测光信号的波长相一致的探头。

（2）在使用前要先进行校准操作，注意校准程序是否与光纤和接头要求范围相匹配。

（3）如果待测光由活动连接器输出，应清洁连接器的端面；如果待测的是裸光纤，应制作好裸光纤的端面。

5.3.3　使用场景

光功率计广泛应用于日常的跳纤、割接、排障当中，例如，可以通过光纤两端的光功率计来判断是否有错纤情况等。

在实际的使用过程中，光功率计常表现为一个仪表包含两种功能的情况，如图 5-17 所示，左边的光功率计设置：使用"LD"键设置为光源模式，波长为 1310nm，使用输出 OUT 口；右边的光功率计设置：使用"LD"键设置为接收模式（光功率模式），用"dBm/W REL"键切换单位查看结果，并用"SAVE/-"键存储测量结果。光纤具体能够允许衰耗多少要看实际情况，一般来说允许的衰耗为 15 ～ 30dB。

图 5-17　光功率计使用场景示意图

5.4　光缆金属护套对地绝缘测试仪

光缆金属护套对地绝缘是光缆电气特性的一个重要指标，金属护套对地绝缘的好坏直接影响光缆的防潮、防腐蚀性能及光缆的使用寿命。因此，查找修理光缆金属护套对地绝缘不良的故障，是光缆维护工作的重要环节。下面简要介绍光缆对地绝缘测试仪的工作原理和使用方法。

5.4.1　工作原理

光缆金属护套对地绝缘测试仪由信号发生器、接收器、探头、接地棒组成。当将信号发生器产生的 0～250V、0～500V、0～900V 直流高压脉冲送入被测光缆，通过绝缘不良点入地时，在入地点形成点电场，该点电场在地表面形成的电场如图 5-18 所示。

接收器中的直流放大器通过接地棒取得故障点前后（沿光缆路由）的电位差。由于故障点前后的电位差符号相反，当两插棒前后顺序不变时，则反映为直流放大器的中值表头将有不同方向的摆动。如果与接收音频表头相比较，当脉冲到来时，中值表头与音频表头在故障点前与越过故障点将会有同向（反向）变反向（同向）的变化。通过表头指针摆动的方向和变化，即可确定光缆对地绝缘不良的故障点所在。

根据电场原理，接收器两根插棒距离故障点越近，在等距离条件下取得的电位差越大，中值表针摆幅也越大。同样，两插棒刚离开故障点时，中值表头摆幅也越大。如果两插棒中间正好是故障点，则由于电位差为零，中间表头摆幅也为零。

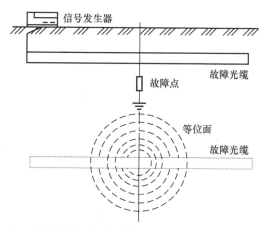

图 5-18　光缆金属护套对地绝缘不良产生的地表面电场分布图

5.4.2　操作规范

1. 查找光缆金属护套对地绝缘不良点

（1）将信号发生器的"输出"接于光缆金属护套上。信号发生器接地端沿光缆线路路由反方向接地（25～50m）。

（2）输出电压选择。如对地绝缘阻值为 0～90kΩ，选用 250V 档，接收器"绝缘阻值"选用"低阻"位置。对地绝缘阻值为 90kΩ 以上时，选用 500V 或 900V 档，接收器"绝缘阻值"选用"高阻"位置。信号发生器置于"断续"位置，"输出调节"置于最大位置。

（3）打开接收器，插入接收探头和直流接地棒。探头沿光缆线路路由前进时，接收到断续的音频信号，把接地棒的两棒插于信号入地点靠近被测光缆线路路由侧的地面上（两棒相距 3～5m），接收器直流表头与音频表头按一定规律摆动。记住此时两表头摆向关系（也可调换两棒前后位置，使之同向摆动），并始终保持两棒间的前后位置。

（4）沿着光缆线路路出，按上述确定的插棒前后关系，将接地棒向前移动。每插一次，观察一次直流表头摆幅和两表头是否还是同向摆动。如前面没有绝缘不良点（或距离较远）时，越向前走直流摆幅越小，两表头保持同向。当逐渐接近第一个绝缘不良点时，直流摆幅逐渐加大，两表仍显示同向；当插棒等距离插在绝缘不良点上方时，直流表头不动或无规则摆动。一旦两插棒均越过第一个绝缘不良点，两表头处于最大的反向摆动状态（可参考图 5-19）。这样可以找到离信号发生器最近的第一个故障点，依此类推可以找到第二个和第三个故障点。

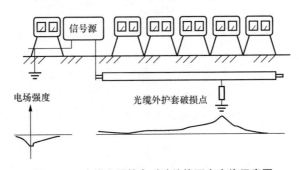

图 5-19　光缆金属护套对地绝缘不良查找示意图

2.光缆线路路由探测

在光缆线路一端金属护套与地之间接上信号发生器，在其对端通过几千欧姆电阻接地（线路长时可以直接接地）。电压选择在 250V 档，放在"连续"位置。开启接收器，插入接收探头，并将探头垂直于地面，在估计的光缆线路路由上左右移动，当接收器的耳机无声和音频表头为零时，探头正下方即为光缆埋深位置。

3.探测光缆埋深

信号发生器和信号接收器的连接方法与"探测路由"相同。查出光缆线路路由之后，将探头转向 45°，如图 5-20 所示。当接收器的耳机无声和音频表头指示为零时，探头与路由的垂直长度 d 即为光缆埋深。

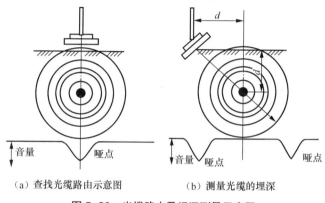

（a）查找光缆路由示意图　　　　（b）测量光缆的埋深

图 5-20　光缆路由及埋深测量示意图

4.使用注意事项

（1）信号发生器接地线尽可能沿光缆线路路由反向距离远一些放置，一般应在 2～50m。

（2）插棒间的距离一般为 3～5m，根据具体情况（土质、干湿程度、绝缘电阻大小）灵活掌握。当遇到地表十分干燥，插棒插入不深时，应考虑在插孔处滴些水。

（3）为避免人体对接收器直流部分产生影响，插棒插稳之后，手一定要离开，否则直流指针乱打，造成误判。

（4）插棒刚插入时，接收器直流表头有一个稳定的过程（5～8s），应耐心等待。跨距越大，恢复时间越长。

（5）对于低绝缘不良点，从指针反应的剧烈程度可以判断。对于高绝缘不良点，为了避免错挖，最好查找全程，记下各点位置，先处理表头反应最强烈的点，逐一解决。

（6）当两个绝缘不良点相距很近（5m 以内），由于电场的相互影响，此时插棒跨度要小，以免漏点。

（7）为了确切掌握对地绝缘情况，可将信号发生器的"断续"输出转向"连续"侧，检查输出电流大小。一般电流太小时不易发现故障点，可用介质击穿装置，先击穿后查找。

（8）在进行不良点处理时，可采用监测法，即将接收器置于故障点一侧，从指针摆动情况判断故障处是否处理得彻底。

（9）受大地直流杂散电位的影响，接收器直流表头如未接收到信号发生器信号会左右乱摆，这是正常现象。只有在直流表头与音频表头产生一定关系的摆动（同向或反向）时，才有可能是遇到了故障点。

（10）当被测光缆很长时，为了提高音频信号程度，可以将对端接地。

5.4.3　使用场景

光缆金属护套对地绝缘测试仪一是应用在其他电力、供水等管道施工对我方通信管道有影响、管道平行或者交越等场景，应对这些场景，需要探测出路由的具体走向，并通过撒石灰、喷红漆等方法进行路由显性化。另一个场景是在长途硅管路由的埋深整治方面，由于气候变化等因素造成路由上方水土流失，埋深变浅，通常需要 5 年（一个周期）进行埋深整治工作，这时候需要探测出具体的光缆埋深情况。光缆路由探测和埋深探测示意图如图 5-21 和图 5-22 所示。

图 5-21　光缆路由探测示意图

图 5-22 光缆埋深探测示意图

光纤识别仪

　　光纤识别仪是一种光纤维护必备的工具，用于无损的光纤识别工作，可在单模和多模光纤的任何位置进行探测。在维护、安装、布线和恢复期间，常需要在不中断业务的情况下寻找和分离一根特定的光纤，通过在一端把 1310nm 或 1550nm 带调制的（270Hz、1kHz、2kHz）信号射进光纤，用识别器在线路上把它识别出来，还可以指示业务的方向。下面介绍光纤识别仪的使用步骤以及场景。

5.5.1　使用步骤

　　（1）选用适当的夹具头。根据不同的裸纤及尾纤规格来选择并安装与其匹配的适配头，光纤识别仪配有 3.0 适配头（3mm）、2.0 适配头（2mm）、0.9 适配头（900nm）、裸纤适配头（250nm）4 种类型，如图 5-23 所示。

　　（2）将被测光纤放入测试区。当需要夹紧光纤时，推动推钮至光纤夹紧，然后按住推钮的上前方，斜向下推动推钮，使推钮进行小幅度旋转运动，使夹头锁紧，如图 5-24 所示。

　　（3）开机测试，判断该光纤是否承载业务以及光的传输方向。向上推动夹具按钮，打开光纤识别仪进行测试。通过方向指示灯判断光的传输方向，通过功率和频率值来判断是否承载业务，如图 5-25 所示。

图 5-23　光纤识别仪及夹具头示意图

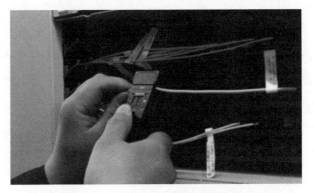

图 5-24　光纤识别仪固定方法示意图

图 5-25　光纤识别仪使用方法示意图

5.5.2 使用场景

光纤识别仪广泛应用于需要识别业务及光传输方向的场景中，例如，在光缆接头盒内判断光纤是否承载业务及光传输的方向、判断在用纤芯是否承载业务及光传输的方向等。在核对机房尾纤信息的过程中，也可以使用光纤识别仪来判断相关重要业务的纤芯占用情况，如图 5-26 所示。

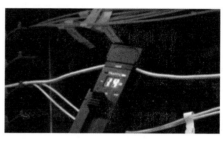

图 5-26　光纤识别仪应用场景示意图

第6章

光缆线路故障
处理要点

随着光缆线路的大量敷设和投入使用,光纤通信系统的可靠性和安全性越来越受到人们的关注。光纤通信系统中断的主要原因是光缆线路故障,约占统计故障的 2/3 以上。我国幅员辽阔、地形地貌和气候差异很大,对光缆线路可能造成损害的各种危险因素很多,特别是近几年随着国家经济的迅速发展,全国各地的基础设施建设大量开工,由于施工造成的光缆线路故障频发,给光缆线路的安全带来了极大威胁,这就要求光缆线路维护各级单位准确掌握辖属光缆的线路资料,熟悉光缆线路应急抢修流程,熟练掌握光缆线路故障点的测试定位方法,根据不同场景制订适合的应急抢修方案,在最短时间内实施抢修,恢复业务,将光缆线路故障造成的影响降到最低。

6.1 光缆线路故障的分类及处理方式

由于外界因素或光纤自身等原因造成光缆线路阻断，影响通信业务，即为光缆线路故障（不包括联络线、信号线和备用线），光缆线路故障定义的示意图如图 6-1 所示。光缆阻断不一定都导致业务中断，形成故障导致业务中断的按故障修复程序处理，不影响业务未形成故障的按割接程序处理。

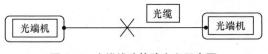

图 6-1　光缆线路故障定义示意图

6.1.1　光缆线路故障的分类

通信光缆线路故障可分为全阻故障、重大故障、一般故障、逾限故障4 种类型。

全阻故障：由于通信光缆线路原因造成全部在用业务系统阻断的故障称为全阻故障。

重大故障：在执行重要通信任务期间，因光缆线路原因造成全部业务系统阻断并产生严重后果的故障，称为重大故障。

一般故障：由于光缆线路原因造成部分在用业务系统阻断的故障称为一般故障。

逾限故障：通信光缆线路的故障处理超过修复时限的要求称为逾限故障。

6.1.2　光缆线路故障的处理方式

根据故障光缆光纤阻断情况，可将故障类型分为光缆全断、部分束管中断、单束管中的部分光纤中断 3 种，处理方式有所不同。

1. 光缆全断

如果现场两侧有预留，采取集中预留、增加一个接头的方式处理；故障点附近有接头并且现场有足够的预留，采取拉预留、利用原接头的方式处理；故障点附近既无预留、又无接头，宜采用续缆的方式解决。对于此类光缆全断的故障普遍采用光缆接头盒接续的方式恢复，如图 6-2 和图 6-3 所示。

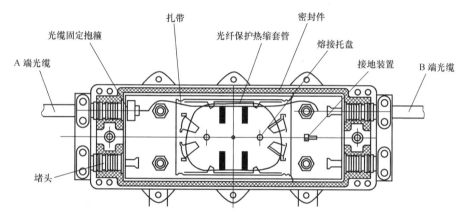

图 6-2　光缆接头盒安装示意图

图 6-3　光缆接头盒安装实物图

2. 部分束管中断或单束管中的部分光纤中断

此类修复以不影响其他在用光纤，未受损质量良好的空闲光纤数量大于在用受损光纤数量为前提，优先考虑调纤方式或采用开天窗接续的方法进行故障光纤的修复，如图 6-4 和图 6-5 所示。

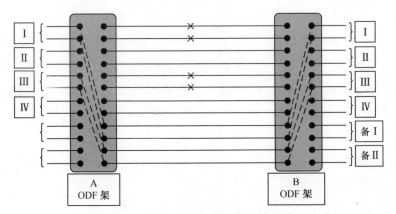

图 6-4　利用同缆备用光纤调度示意图

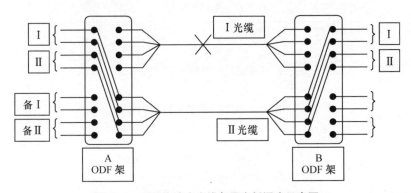

图 6-5　利用同路由光缆备用光纤调度示意图

采用开天窗接续方法进行故障光纤修复时，一般不建议在故障点处直接开天窗，这样可能会中断其他未受损纤芯。可先在故障点处用接头盒或其他方式进行固定保护，在两侧开天窗或在最近两个接头盒间续缆，修复故障纤芯。

故障发生后的处理，对于不同类型的线路故障，处理的侧重点不同。

（1）有同路由光缆可代通的全阻故障，抢修人员应该在第一时间按照应急预案，用其他良好的纤芯代通阻断光纤上的业务，然后再尽快修复故障光纤。

（2）没有光纤可代通的全阻故障，按照应急预案实施抢代通或故障点的直接修复进行，抢代通或修复时应遵循"先重要电路、后次要电路"的原则。

（3）光缆出现非全阻，有剩余光纤可用。用空余纤芯或同路由其他光缆代通故障纤芯上的业务。如果故障纤芯较多，空余纤芯不够，又没有其他同路由光缆，可牺牲次要电路代通重要电路，然后采用不中断电路的方法对故障纤芯进行修复。

（4）光缆出现非全阻，无剩余光纤或同路由光缆。如果阻断的光纤承载重要电路，应该用其他非重要电路光纤代通阻断光纤，用不中断割接的方法对故障纤芯进行紧急修复。

（5）传输质量不稳定，系统时好时坏。如果有可代用的空余纤芯或其他同路由光缆，可将该光纤上的业务调到其他光纤，查明传输质量下降的原因，有针对性地进行处理。

6.2　造成光缆线路故障的原因分析及场景特点

通信中断的主要原因是光缆故障，约占统计故障的 2/3，光缆故障的产生原因与光缆的敷设方式有关，光缆的敷设形式主要有地下（直埋、硅管理式和城区管道）和架空两种。地下光缆不容易受车辆、枪击等伤害，但受施工挖掘的影响很大。架空光缆不受施工挖掘的影响，但受车辆、枪击等伤害严重。

6.2.1　造成光缆线路故障的原因分析

引起光缆线路故障的原因大致可以分为外力因素、自然灾害、光缆自身缺陷和人为因素 4 类。

1. 外力因素

（1）外力施工：机械挖掘和顶管施工是导致地下光缆故障的主要原因，

直接威胁地下光缆的安全。

（2）车辆挂断：车辆撞倒电杆致使吊线和光缆下垂被挂断或车辆直接挂断架空过路光缆是架空光缆故障的主要原因。

（3）枪击：枪支射击导致架空光缆瞬间受力，子弹挤压导致部分纤芯受损，故障点较为隐蔽，查找起来较为困难。

2. 自然灾害

（1）鼠咬鸟啄：由于动物啃咬或叮啄光缆造成光缆纤芯部分受损，无论地下、架空还是室内光缆都会受到鼠害的影响。

（2）火灾：架空光缆路由下方或地下光缆上方堆积的柴草、杂物等起火导致光缆纤芯受损。

（3）洪水：洪水冲断光缆或导致电杆倾倒等造成光缆中断，多发生在山区。

（4）大风：飓风、台风等强对流天气造成断杆、倒杆等，致使光缆受损。

（5）冰凌：冰凌造成光缆受力，受损，多发生在冬季严寒地区。

（6）雷击：当光缆线路上或其附近遭受雷击时，在光缆上产生高电压放电，损伤光缆。

（7）电击：当高压输电线与光缆或光缆吊线间距过近时，强大的高压放电电流会把光缆烧坏。

3. 光缆自身缺陷

（1）自然断纤。由于光纤由玻璃纤维拉制而成，比较脆弱。随着时间的推移，光纤会产生静态疲劳，光纤逐渐老化导致自然断纤。或者是接头盒进水，导致光纤损耗增大，甚至发生断纤。

（2）环境温度的影响。温度过低会导致接头盒内进水结冰，光缆护套纵向收缩，光纤受力产生微弯使衰减增大或光纤中断。温度过高，又容易使光缆护套及其他保护材料损坏而影响光纤特性。

4. 人为因素

（1）工障：技术人员在维修、安装或其他活动时引发的人为故障。多发生在布放光缆或摸排光缆时由于操作不规范导致同路由的在用光缆或接头盒损伤，或者是在夜间割接操作时误断同路由的在用光缆。

（2）偷盗：人为故意偷盗，造成光缆阻断。光缆本身经济价值不高，多数情况下被误认为是电缆而被偷盗。

（3）破坏：人为蓄意破坏，造成光缆阻断，多因工程遗留问题未解决或出于其他目的。

6.2.2 不同场景光缆线路故障的特点

日常维护中经常发生的故障，根据故障场景来区分主要分为两大类，一类是显见性故障，一类是隐蔽性故障。

常见的显见性故障有施工挖断，车辆挂断、撞断，火烧等。

常见的隐蔽性故障有顶管施工、烫伤、鼠咬、鸟啄、枪击、人为破坏、接头盒工艺等。

1. 显见性故障

显见性故障，即故障点较为明显，故障现场容易查找。

（1）施工挖断。

该类故障的特点是承载的系统部分或全部同时中断，或部分在用缆衰耗增大，抢修人员到达现场后很容易找到断缆，由于光缆瞬间受力过大，可能会导致除断点以外其他位置的光缆受损，相邻人手井里的预留光缆可能会产生打小圈现象或受损，距离较近的接头盒内裸纤可能会被拉出，需要进行测试和查找确认，避免造成第一次抢修失败而返工，延长故障抢修时长，故障现场如图 6-6 所示。

（2）车辆挂断。

该类故障的特点是承载的系统部分或全部出现中断情况，或部分在用缆衰耗增大，通常车辆挂到光缆和吊线后会造成倒杆，在挂倒电杆的第一时间光缆未中断，因倒杆造成光缆下垂被挂断，或光缆落地后，被路面上行驶的车辆反复碾轧，光缆中承载的业务也就随着车辆的碾轧而逐步中断。处理此类故障须特别注意的是，光缆瞬间受力过大，可能会导致除断点以外其他位置的光缆受损，需要进行测试和查找确认，避免造成第一次抢修失败而返工，延长故障抢修时长。车辆挂断故障现场如图 6-7 所示。

图 6-6　施工挖断故障现场　　　　　图 6-7　车辆挂断故障现场

（3）火烧。

因火灾造成的光缆故障一般不会造成业务同时阻断，逐芯中断是火烧故障的典型特点。火烧主要原因如下。

① 杂草、杂物堆积在吊线、电杆下方引发的火烧故障。

② 管道埋设较浅，受雨水冲刷或人为取土造成管线暴露，暴露后被垃圾或枯叶残枝覆盖，焚烧垃圾或燃放烟花引发的火烧故障。

③ 电力线与通信线路接触造成电力线短路起火引发的火烧故障。

④ 人井盖破损或者丢失，饭店、大排档附近的人井内残留大量的油污，燃放烟花或者烟蒂掉落引发的火烧故障；人井盖破损或者丢失，长期未发现造成大量垃圾或枯叶残枝堆积在人井里引发的火烧故障。

火烧时间不一定是故障发生的时间，一般的火烧会造成光缆软化变形或者纤芯裸露，但不一定会造成断纤，受到轻微的外力影响，比如雨淋、风吹或者抢修人员的触碰等，可能会造成部分系统中断，所以处理此类故障须首先进行调纤处理，保护好现场，在确保线路稳定及人员安全的情况下实施抢修作业。火烧故障现场如图 6-8 所示。

图 6-8　火烧故障现场

2.隐蔽性故障

隐蔽性故障，即不易查找的故障，故障现场较为隐蔽，查找故障点的用时较长。

（1）顶管施工。

该类故障的特点是承载的系统部分或全部中断，部分在用缆衰耗增大。处理此类故障需要利用路由探测仪判断断点，顶管钻头呈螺旋状，一旦光缆被卷入顶管钻头的齿轮里，会造成两侧人井里的光缆预留被强行拖拽，光缆受损距离较长。本着先抢通后修复的原则，对故障点实施临时抢通。顶管施工故障现场如图 6-9 所示。

图 6-9　顶管施工故障现场

|177|

（2）烫伤。

因供热管道烫伤造成的光缆故障。光缆距离供热管道太近，造成光缆长期受热，光缆内部结构软化。该类故障的特点是承载的系统部分或全部逐步中断，部分在用缆衰耗增大。此类故障的另外一个特点类似于火烧引起的故障，烫伤到造成断纤是一个长期的过程，烫伤后的光纤受到轻微的外力影响即可造成断纤，抢修人员的触碰也可能会造成部分系统中断，所以处理此类故障须首先进行调纤处理，保护好现场，布放新缆替换受损光缆。须特别注意的是，受供热管道的长期影响，光纤的涂敷层呈粉末状或者色差变淡，造成接续时无法分辨色谱，所以，处理烫伤点时，替换的光缆须布放至不受供热管道影响的位置。烫伤故障现场如图 6-10 所示。

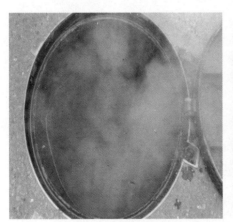

图 6-10　烫伤故障现场

（3）鸟啄、鼠咬、枪击。

该类故障的特点是承载的系统不会全部中断，部分在用缆衰耗基本正常。鸟啄、鼠咬、枪击虽然是 3 种故障类型，但它们有一个共同的特点，即故障点非常隐蔽，一般需要打开附近接头盒定位，根据光缆尺码带推算大致范围，再进行人工细致摸查。处理此类故障一般采用临时调纤恢复，找到故障点后进行临时加固处理，再进行割接修复。枪击、鼠咬故障现场如图 6-11 所示。

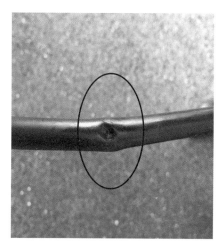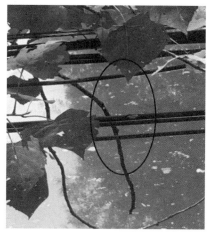

图 6-11　枪击、鼠咬故障现场

（4）人为破坏。

造成该类故障的大致原因：①管道维修时，在未摸查清楚的情况下人为锯断部分光缆；②拆除废旧光缆时，在未摸查清楚的情况下误操作将光缆剪断；③恶意破坏将光缆剪断。处理此类故障须观察周围环境，询问周边居民。因为恶意破坏或误操作之后，当事人会对故障点进行隐藏，所以查找此类故障不能放过任何一个细节。人为破坏故障现场如图 6-12 所示。

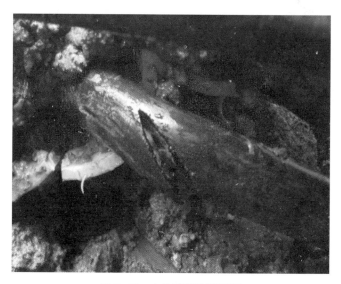

图 6-12　人为破坏故障现场

（5）接头盒工艺。

造成该类故障的大致原因如下。

① 光纤受损：剥除涂覆层时裸纤受损或光纤熔接不充分等，长时间后损伤扩大，接头损耗随之增加，严重时会造成断纤。

② 光纤固定不当：容纤盘内光纤松动，导致光纤弹起，在容纤盘边缘或盘上螺丝处被挤压，严重时会压伤、压断光纤。

③ 热缩套管保护不当：制作光纤端面时，裸光纤太长或者热缩保护管加热时光纤保护位置不当，造成部分裸纤在保护管之外，外力作用下引起裸纤断裂。

④ 接头盒密封不严密，造成接头盒进水、纤芯衰耗增大。

⑤ 光缆端头不牢固，造成光缆从接头盒脱落。

⑥ 端头制作不规范，造成加强芯缠绕松套管，使得光缆衰耗增大。

该类故障的特点是承载的系统不会全部中断，部分未中断的系统衰耗基本正常。处理此类故障一般先调纤恢复，现场查找时须小心谨慎，接头盒轻拿轻放，防止造成其他系统中断。接头盒故障现场如图 6-13 所示。

图 6-13　接头盒故障现场

6.3　光缆线路故障的抢修流程及关键点

　　光缆线路故障抢修应以优先代通在用系统为目的，以压缩故障历时为根本，不分白天黑夜、不分天气好坏、不分维护界限，用最快的方法临时抢通在用传输系统。故障处理的总原则是：先抢通，后修复；先核心，后边缘；先本端，后对端；先网内，后网外，分故障等级进行处理。当两个以上的故障同时发生时，对重大故障予以优先处理。在线路故障未排除之前，查修不得中止。

　　故障处理应遵守以下原则。

　　（1）故障处理应按照"先抢通，后修复；先核心，后边缘；先本端，后对端；先网内，后网外"的原则进行。

　　（2）处理业务故障时，应按已批准的应急措施和方法尽快恢复通信，不可因查找故障原因而延长故障历时。

　　（3）处理故障时，一般应不影响正在使用的用户或任意扩大影响范围。

　　（4）在同时发生多起故障且难以并行处理的情况下，应先处理级别高的故障，后处理级别低的故障；先处理相对重要的设备故障，后处理相对不重要的设备的故障。

　　（5）网络部门要与市场、客户服务等部门建立故障信息互通报制度，及时做好舆情控制，降低故障的负面影响。

　　（6）网络维护部门要随时做好故障应急处理的准备，做到在任何事件、任何情况下都能迅速出发抢修，抢修专用的器材、仪表、机具及车辆等应处于待用状态，不得外借或挪作他用，并定期检查。

　　（7）网络维护部门要根据各种级别设备和网元的具体情况，制订相应的故障应急预案，并加强演练。发生故障时，根据不同故障对网络和业务的影响程度，启动不同的预案和处置流程。

　　光缆线路故障具体抢修流程如图 6-14 所示。

6.3.1　故障通知及关键点

　　值班网管发现告警后，如图 6-15 所示，第一时间预判受影响系统的主备用

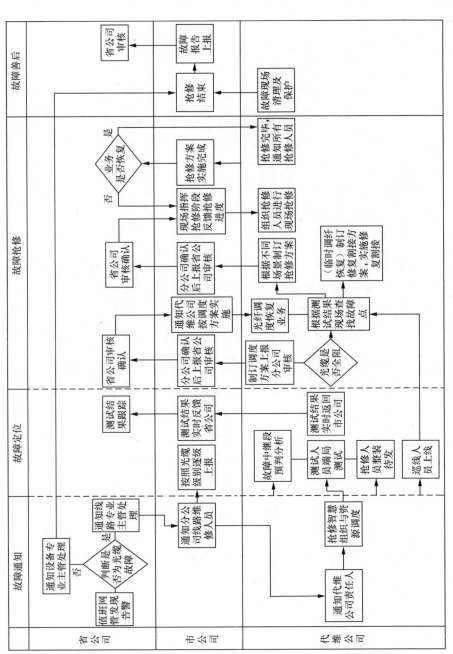

图 6-14　故障抢修流程图

情况与故障类型，对安装有 OLP 保护系统的，检查系统是否正常倒换至备用路由。核实验证为光缆故障后，通知线路专业主管处理。线路专业主管将受影响的系统通知地市分公司线路维护人员，涉及跨地市的必须先后通知两个地市分公司协同配合。地市分公司接到告警通知后按照光缆级别逐级上报分公司领导，并立即通知代维单位测试定位，集结抢修人员做好抢修前的各项准备工作。

关键点如下。

（1）网管值班人员必须明确受影响的系统及主备用情况。

（2）确认系统倒换是否正常，是否影响业务使用。

（3）根据受影响系统的段落预判大致的故障中继段。

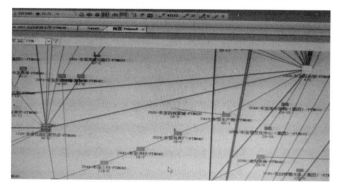

图 6-15　网管监控光路告警

6.3.2　故障定位及关键点

故障定位分 3 步：定位中继段、定位故障点距离、定位故障点位置。

1. 定位中继段

维护人员接到故障告警通知，应根据受影响系统查找维护资料（受影响系统纤芯资源调度信息、光缆纤芯占用信息、路由拓扑信息等），判断发生故障的具体光缆中继段，尤其是同一中继段有多条不同路由光缆时，必须判断清楚具体的故障光缆。

关键点：日常维护过程中必须建立完整、正确的维护资料；维护人员必须熟悉纤芯资源调度信息、光缆纤芯占用信息（如表 6-1 所示）、路由拓扑信息等基础资料。

表 6-1　光缆纤芯占用信息

光缆纤序	查桥/GJ001 1	查桥/GJ001 2	查桥/GJ001 3	查桥/GJ001 4	查桥/GJ001 5	查桥/GJ001 6	查桥/GJ001 7	查桥/GJ001 8	查桥/GJ001 9	查桥/GJ001 10	查桥/GJ001 11	查桥/GJ001 12
光纤占用信息	F: 01-05-08-01-01 T: 01-03 中兴S385-5-1口东至二站-张岗	F: 01-05-08-01-02 T: 04-02-OLP1-2-R1 东至二站-白牙路局SDH环三收	F: 01-05-08-01-03 T: 03-03 华为2500-IU8-1口东至二站-池州环三发	F: 01-05-08-01-04 R: 01-03 中兴S385-5-1口东至二站-张岗收	—	—	F: 01-05-08-01-07 T: 04-02-OLP1-1-R1 东至二站-白牙路局环收	F: 01-05-08-01-08 T: 04-02-OLP1-1-T1 东至二站-白牙路局华为收	F: 01-05-08-01-09 100G OTN 东至二站-查桥光交-五丰	F: 01-05-08-01-10 T: 01-04 中兴S385-3-1口东至二站-东流	F: 01-05-08-01-11 T: 01-04 中兴S385-3-1口东至二站-东流	F: 01-05-08-01-12 T: 03-03 华为2500-IU8-1口东至二站-池州华为发
使用纤序	1	2	3	4	5	6	7	8	9	10	11	12

光缆纤序	查桥/GJ001 13	查桥/GJ001 14	查桥/GJ001 15	查桥/GJ001 16	查桥/GJ001 17	查桥/GJ001 18	查桥/GJ001 19	查桥/GJ001 20	查桥/GJ001 21	查桥/GJ001 22	查桥/GJ001 23	查桥/GJ001 24
光纤占用信息	F: 01-05-08-02-01 T: 01-05B-10-04-05 东至二站-五丰OTN跳纤	F: 01-05-08-02-02 100G OTN 东至二站-查桥光交-五丰	F: 01-05-08-02-03 T: 05-01-02-01-02 广电数字电视网电视网环网	—	F: 01-05-08-02-05 T: 04-02-OLP1-2-T1 东至二站-五丰OTN	F: 01-05-08-02-06 T: 01-03 中兴S385-11-1口东至二站-白路局环三发	—	F: 01-05-08-02-08 T: 01-03 中兴S385-11-1口东至二站-查桥节点	F: 01-05-08-02-09 T: 01-05-06-02-07 生产楼-张溪水泥厂跳纤1	F: 01-05-08-02-10 T: 01-05-06-02-07 生产楼-张溪水泥厂跳纤2	F: 01-05-08-02-11 T: 03-01 瑞斯康达1-1口东至二站-查桥监测站	—
使用纤序	1	2	3	4	5	6	7	8	9	10	11	12

2. 定位故障点距离

维护主管接到光缆故障通知后，应立即安排测试人员赶往机房测试，测试定位故障点距离的应急响应速度和准确性是决定故障抢修历时长短的关键环节，测试定位故障点距离不准确将会误导故障点的现场查找，从而导致查找故障点耗时过长。

测试定位应进行双向测试，以便确认是单点中断还是多点中断，这直接关系到现场抢修方案的制订。测试人员必须具备测试技能，测试参数设置合理（测试曲线如图 6-16 所示），能够准确定位故障点距离。测试时必须测试所有空闲纤芯，并结合日常测试记录定位故障点，前期遗留的断纤和大衰耗可能会误导故障点的判断，如空闲纤芯正常，再联系网管值班人员进行拔纤测试。如未受损、质量良好的空闲光纤数量大于在用受损的光纤数量，优先考虑采用调纤方式恢复。

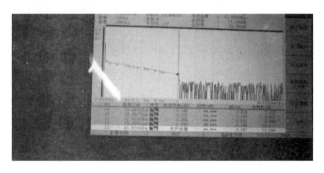

图 6-16　故障点测试曲线

关键点如下。

（1）双向测试，测试参数设置合理，能够准确定位故障距离。

（2）结合日常记录分析故障点距离，避免误判。

（3）需要拔纤测试时必须联系网管人员确认。

（4）若未受损、质量良好的空闲光纤数量大于在用受损的光纤数量，优先考虑采用调纤方式恢复。

3. 定位故障点位置

测试结果出来后，应结合维护路由图（如图 6-17 所示）、三长对照表等基础资料定位故障点大致位置，安排巡线员上线查找。如果是显见性故障，故障点较为明确；如果是隐蔽性故障，需要等待抢修人员到达后进一步测试分析定位、摸排查找。

影响光缆线路故障点准确判断的主要原因有以下几种。

（1）OTDR 存在固有偏差。

OTDR 固有偏差主要反映在距离分辨率上，不同的测试距离偏差不同，测试范围为 150km 时，测试误差达 ±40m。

（2）测试仪表操作不当产生的误差。

在光缆故障定位测试时，OTDR 使用的正确性与故障测试的准确性直接相关。仪表参数设定不当或游标设置不准等因素都将导致测试结果出现误差。

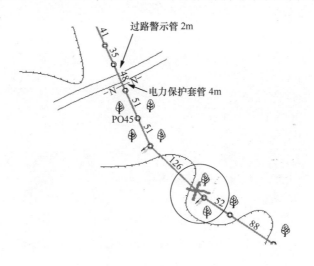

图 6-17　光缆维护路由图

（3）计算误差。

OTDR 测出的故障点距离只能是光纤的长度，光缆的皮长及测试点到故障点的地面距离，必须通过计算才能求得，而在计算中由于取值不可能与实际完全相符，或对所使用光缆的绞缩率不清楚，也会产生一定的误差。

（4）光缆线路竣工资料不准确造成的误差。

在线路施工中没有注意积累资料或记录的资料可信度较低，使得线路竣工资料与实际不相符，依据这样的资料，不可能准确地测定出故障点。例如，光缆接续时接头盒内余纤的盘留长度、各种特殊点的光缆盘留长度以及光缆随地形的起伏变化等，这些因素直接影响着故障点的定位精度。

提高光缆线路故障定位准确性的方法有以下几种。

（1）正确、熟练掌握仪表的使用方法。

准确设置 OTDR 的参数，选择最适合的测试范围，将游标准确放置于相应的拐点上，如故障点的拐点、光纤始端点和光纤末端拐点，这样就可得到比较准确的测试结果。

（2）建立准确、完整的原始资料。

准确、完整的光缆线路资料是故障测量、判定的基本依据。因此，必须重视线路资料的收集、整理和核对工作，建立起真实、可信和完整的线路资料。

（3）建立完整、准确的线路资料。

建立线路资料不仅包括线路施工中的许多数据、竣工技术文件、图纸、测试记录和中继段光纤曲线图片等，还应保留光缆出厂时厂家提供的光缆及光纤的一些原始数据资料（如光缆的绞缩率、光纤的折射率等），这些资料是日后故障测试时的基础和对比依据。

（4）进行正确的换算。

要准确判断故障点位置，还必须把测试的光纤长度换算为测试端（或某接头点）至故障点的地面长度。

测试端到故障点的地面长度可由以下公式计算（长度单位为m）

$$L = [(L_1 - L_2)/(1+P) - L_3]/(1+a)$$

其中，L 为测试端至故障点的地面长度（单位为m），L_1 为OTDR测出的测试端至故障点的光纤长度（单位为m），L_2 为每个接头盒内盘留的光纤长度（单位为m），L_3 为每个接头处光缆的所有盘留长度（单位为m），P 为光纤在光缆中的绞缩率（扭绞系数），最好应用厂家提供的数值，一般为7%，a 为光缆自然弯曲率（管道敷设或架空敷设方式可取值 0.5%，直埋敷设方式可取值0.7%~1%）。有了准确、完整的原始资料，便可将OTDR测出的故障光纤长度与原始资料对比，精确查出故障点的位置。

（5）保持故障测试与资料上测试条件的一致性。

故障测试时应尽量保持测试仪表的信号、操作方法及仪表参数设置的一致性。光学仪表十分精密，如果有差异，就会直接影响到测试的准确度，从而导致两次测试本身的差异，使得测试结果没有可比性。

（6）灵活测试，综合分析。

一般情况下，可在光缆线路两端进行双向故障测试，并结合原始资料，计算出故障点的位置，再将两个方向的测试和计算结果进行综合分析、比较，以使故障点的具体位置的判断更加准确。当故障点不明显，现场无法确定具体故障点时，也可采用在就近的接头处测量等方法，从而找到准确的光纤故障点。

6.3.3　故障抢修及关键点

1. 指挥调度

故障抢修是一项系统性的工作，指挥人员的调度能力十分重要，协调人员分工配合较为关键，维护主管接到光缆故障通知后，需要立即部署以下 3 项重要工作。

（1）安排测试人员赶往机房测试。

（2）安排巡线员上线查找，重点检查隐患和负责盯防的段落。

（3）集结抢修队伍，组织抢修人员准备抢修工器具和将抢修材料装车待命。

关键点如下。

（1）集结抢修队伍需要结合故障光缆芯数大小考虑参与抢修人员的数量，一般超过 72 芯的光缆故障至少需要 4 组抢修人员和 6 名辅助人员，每组配置一台熔接机并至少分配两名接续人员。

（2）抢修工器具装车需要充分考虑承载层路由现状，对于架空杆路必须携带脚扣、安全带、滑板、扶梯等必需的工器具，对于城区管道必须携带通管器等工器具，对于硅管管道必须携带地下管线探测仪等工器具，同时还必须提前协调准备挖掘机，具体明细可参照图 6-18。

序号	名称	单位	承载层
1	OTDR（光时域反射仪）	台	架空 / 管道 / 直埋
2	单态熔接机	台	架空 / 管道 / 直埋
3	光纤切割刀	台	架空 / 管道 / 直埋
4	光纤涂覆层剥除器	把	架空 / 管道 / 直埋
5	松套管剥除器（按需）	个	架空 / 管道 / 直埋
6	工具箱	套	架空 / 管道 / 直埋
7	可见光源	个	架空 / 管道 / 直埋
8	发电机（按需）	台	架空 / 管道 / 直埋
9	电源线盘（按需）	盘	架空 / 管道 / 直埋
10	电源插板（按需）	个	架空 / 管道 / 直埋
11	工作灯（220V）（按需）	套	架空 / 管道 / 直埋
12	抢修应急灯（按需）	个	架空 / 管道 / 直埋
13	梯子（按需）	架	架空 / 管道 / 直埋
14	安全帽	顶	架空 / 管道 / 直埋
15	安全标识（按需）	个	架空 / 管道 / 直埋
16	帐篷（按需）	顶	架空 / 管道 / 直埋
17	工作台	张	架空 / 管道 / 直埋
18	通管器（按需）	个	管道 / 直埋
19	抽水机（按需）	台	管道 / 直埋
20	洋镐	把	管道 / 直埋
21	铁锹	把	管道 / 直埋
22	脚扣（含安全带）	副	架空
23	地下管线探测仪	台	直埋

双口光纤剥线钳1个、手电筒1个、
钢丝剪断钳1个、斜口钳1个、
尖嘴钳1个、老虎钳1个、
十字改锥1个、一字改锥1个、
光缆横向开缆刀1个、
酒精泵1个、凯夫拉剪刀1把、
卷尺1个、实用刀1把、
内六角改锥1套、皮老虎1个、
记号笔1支、活动扳手1支、
镊子1支、试电笔1支、
松套管开剥刀1把、
绝缘胶带1个、
钢锯1个、
紧套管剥除钳1把、
收容箱、热缩管

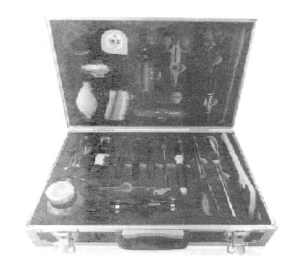

图 6-18　抢修工器具装车清单

（3）抢修材料需要携带与故障中继段同样型号的光缆，尤其是 G.652

和 G.655 混合光缆，正常情况携带 200～500m 光缆即可，在架空挂断等可能存在多点中断的故障场景时，根据现场需要携带长距离的光缆。

2.故障点查找

查找故障点耗时越短，对抢修越有利，尤其是施工挖断和人为破坏类故障，施工挖断时故障点可能会被施工方重新掩埋，现场不易发现，且重新挖掘需要时间。而针对人为破坏类故障，破坏人员会将故障点伪装隐蔽后逃离现场，查找费时费力。施工挖断、车辆挂断等显见性故障，故障点较为明显，易于查找，耗时较短。

关键点如下。

（1）针对施工挖断后掩埋的故障，需要观察土质的变化，无法确认时需要打开最近的接头盒进行精确定位后，通过光缆尺码带进行具体排查。

（2）在硅管路由显性化缺失的情况下，需要一边使用管线路由探测仪探测，一边进行查找。

（3）对于架空光缆鸟啄、鼠咬、枪击等隐蔽性故障，不易查找到故障点，需要打开最近的接头盒进行精确定位后，通过光缆尺码带进行具体排查。

（4）对于影响部分在用光纤的故障，查找到故障点后，需要立即控制现场，防止未受影响的在用光纤性能继续劣化，扩大影响范围。

3.抢修方案制订

抢修方案的制订是直接决定抢修是否成功的关键环节，应充分考虑故障现场的实际情况，多维度综合各种因素制订抢修耗时短、安全可行的有效方案。

（1）架空场景故障抢修方案的制定及关键点。

架空挂断故障易发生在国道、省道、县道、村村通等道路架空过路段落，挂断故障频发的时间段一般在当日 18：00 到次日 2：00，因为夜间是大货车行驶的高峰时间，尤其是超高、超限货车在夜间为逃避检查，经常在该时间段行驶引发挂断故障。此外，在农田整治或施工段落，挖掘机吊臂抬高或砟土车翻斗未放下也会挂到光缆。

车辆挂断故障抢修方案的关键点如下。

① 按需准备光缆，200m 应急光缆不能满足此类故障抢修。

② 普通的过路挂断，现场明显，但因为受损点较多，必须向故障点两侧布放足够长的光缆，如图 6-19 所示。另外，机房必须进行双向测试，现场接续前也要测试空纤。

图 6-19　车辆挂断故障抢修

③ 挖掘机整治农田造成的故障，受伤点较为隐蔽，需观察光缆有无打折现象，必要时需要打开接头盒测试。另外安排人员根据图纸标注的预留点，倒放预留至故障点位置。

④ 遇到过路距离较长或者车流量大的位置，请交警协助，清理路面上的吊线，防止造成交通事故；注意观察故障点附近的地形，寻找过路涵洞、涵管或其他过路资源作为临时抢修路由布放光缆。

⑤ 接续时先接一根空闲纤芯，测试无其他受损点后继续接续，同步核实系统的恢复情况。

枪击故障易发生在树林附近、农田中，枪击故障时间点不确定。此类故障比较隐蔽，且故障时间不一定就是受到枪击的时间。如果枪击未直接命中光缆，而是从侧面击破光纤以外的保护层，光缆长时间受到风吹、日晒、雨淋、冰冻之后会造成断纤。查找此类故障需要观察光缆上是否有特殊的反光点，枪击造成的光缆受损，光缆内的油膏会溢出，有明显的反光，如图 6-20 所示。

图 6-20　枪击障碍抢修

枪击故障抢修方案关键点如下。

① 准备 200m 光缆、滑板、梯子、脚扣、安全带等。

② 因故障点较为隐蔽，须做好测试分析，根据图纸接头点位置及距离判断故障点位置，必要时打开接头盒测试。

③ 故障点摸查须仔细，切不可急躁，使用滑板逐一排查，仔细分辨真假故障点。

④ 枪击故障一般只影响部分在用光纤的业务，采取纵剖修复的抢修方式，减小影响范围。

架空光缆鸟啄故障易发生在树林附近、农田中，鸟啄故障的时间点不确定，此类故障比较隐蔽，一般为接头盒上端被鸟啄，从地面仰望目测一般看不到故障点，需登到杆上观察接头盒情况，如图 6-21 所示。查找此类故障须观察杆路附近的地面是否有密集的鸟屎。此类故障时间不一定就是受到鸟啄的时间，一般鸟类将接头盒啄破后发现没有食物就离开了，并未将接头盒内的光纤啄断，架空线路接头盒里面的光纤暴露在外，受风吹、雨淋、冰冻、日晒的影响逐渐劣变直至断纤。因为断点就在接头盒内，借助三长对照表或者测试曲线中接头点位置的数据进行判断就很容易发现故障位置。鸟啄故障与枪击故障的故障点位置正好相反，枪击故障是从下向上受力，鸟啄故障是从上向下受力。

鸟啄故障抢修方案关键点如下。

① 准备 200m 光缆，脚扣、安全带、梯子等。

② 因故障点较为隐蔽，须做好测试分析，根据图纸接头点位置及距离判断故障点位置。

③ 故障点摸查须仔细，切不可急躁，找到故障点后按照图纸标注的预留位置，倒放预留至接头点重新制作接头盒。

④ 鸟啄故障一般只影响部分在用光纤的业务，采取纵剖修复抢修方式，减小影响范围。

图 6-21　鸟啄故障抢修

鼠咬故障易发生的位置在树林附近，如图 6-22 所示。判断架空光缆鼠咬故障发生的时间，首先要掌握松鼠的生活习性。松鼠喜欢在白天活动，特别是在清晨更为活跃，在冬季出窝时间较短，通常上午 9 点左右出来活动 1~2 小时；下午 1 点左右再出来活动 1~2 小时。此类故障比较隐蔽，且故障时间不一定就是受到鼠咬的时间，如果鼠咬未直接咬断光缆，而是咬破光纤以外的保护层，光缆长时间受到风吹、日晒、雨淋、冰冻之后会造成断纤，这就要借助三长对照表或者测试曲线中接头点位置的数据进行判断，查找故障位置。着重查找松树林比较密集的区域，观察地面上有无被啃咬过的松果，可以判断该区域是否经常有松鼠活动。

鼠咬故障抢修方案关键点如下。

① 准备 200m 光缆、滑板、梯子、脚扣、安全带等。

② 因故障点较为隐蔽，须做好测试分析，根据图纸接头点位置及距离判断故障点位置，必要时打开接头盒测试。

③ 故障点摸查须仔细，切不可急躁，使用滑板逐一排查，仔细分辨真假故障点。

④ 鼠咬故障一般只影响部分在用光纤的业务，采取纵剖修复抢修方式，减小影响范围。

图 6-22　鼠咬故障抢修

火烧故障易发生在农田野外人孔或管道引上处。火烧故障时间点不确定，但该故障频发的时间段在每年的秋冬季节，此时节天气干燥，焚烧秸秆等行为易造成此类故障。火烧故障一般火势较大，火苗灼烧到光缆，故障点附近可以闻到浓烈的焦油气味，可以缩小查找故障点的范围，如图 6-23 所示。

火烧故障抢修方案关键点如下。

① 准备 200m 光缆、脚扣、安全带、梯子等。

② 因故障点较为隐蔽，须做好测试分析，根据图纸接头点位置及距离判断故障点位置，必要时打开接头盒测试。

③ 火烧故障引发的光纤中断是一个逐步受热劣变的过程，一般不会造成光缆立即全部中断，抢修人员找到故障点后切忌触碰受损点，应立即逐级上报，同时避开故障点布放光缆，准备工作做好之后，经上级批准后实施抢修作业。

图 6-23 火烧故障抢修

水毁故障易发生在距离水域较近、架空跨水域的地方，一般在每年的汛期发生此类故障，如图 6-24 所示。定位查找方法：①大河看河面，汛期水流较大，可能会淹没原有电杆，甚至会淹没到杆梢位置，水流中携带的大量残枝被吊线阻挡，杆路受力越来越大，最终被水流冲断；②小河看河边，小河边的电杆基础因汛期水流逐渐增大造成水土流失，遇到雷雨、大风天气容易造成倒杆，从而砸断光缆。

图 6-24 水毁故障抢修

水毁故障抢修方案关键点如下。

① 准备 2000m 光缆、抛投器、救生艇、救生衣等。

② 处理此类故障须遵循先抢通后修复的原则，首先观察附近 500m 范围内是否有桥梁，可沿桥梁布放光缆，实施临时抢修，在没有桥梁的情况下使用抛投器将抢修光缆的一端抛投至对岸实施抢修。

③ 如果影响范围较大，抛投器无法满足抢修需要，就要使用救生艇携带抢修光缆沿着水流方向斜向行驶至对岸，抢修人员必须穿着救生衣。

人为破坏故障易发生在电杆旁、管道引上、树林里，人为误操作一般在白天发生，恶意破坏一般在夜间发生，如图 6-25 所示。注意观察引上杆或电杆旁有无光缆垂落现象。处理此类故障须观察周围环境，询问周边居民，因为对于有些恶意破坏或误操作，当事人会对故障点进行隐藏，所以查找此类故障不能放过任何一个细节。首先须观察杆路附近是否有人员在现场操作，如果操作人员已撤离，须观察现场是否有新布放的光缆。树林里穿过的架空线路，树木的管养人员在修剪树木枝干的时候使用的工具会误伤光缆，需要观察树林附近是否有修剪过后散落的残枝，来判断故障点位置。

人为破坏抢修方案关键点如下。

① 准备 200m 光缆、脚扣、安全带、梯子等。

② 因故障点较为隐蔽，须做好测试分析，根据图纸接头点位置及距离判断故障点位置，必要时打开接头盒测试。

图 6-25　人为破坏故障抢修

（2）地下场景故障抢修方案制订及关键点。

施工挖断故障一般发生在市区、县区和乡镇，挖掘机施工的肇事方以公司为主（道路施工、水电气等管线单位施工）；硅管管道在野外、乡镇，挖掘机施工的肇事方以居民为主（居民挖排水沟、居民开挖私人水塘、私人整治农田等）。挖掘机施工造成的故障点一般很明显，在现场能够直接发现，但施工方考虑到可能要承担责任，多数故障点会被掩埋。此时需要观察土质，新挖出来的土质一般颜色较深，含水量高，黏性强；近期未挖掘过的泥土颜色较淡，受日晒影响泥土较干，硬度较强。观察挖掘后掩埋的故障点附近是否有散落的 PVC 管碎片；询问附近居民、行人，在两侧人井找到故障光缆，拉拽光缆来判断故障点大概位置，如图 6-26 所示。

施工挖断抢修方案关键点如下。

① 城区管道光缆故障需要准备 200～300m 光缆，长途硅管管道光缆故障需要准备 800m 光缆，携带通管器、路由探测仪、铁锹等必备工具，硅管管道光缆故障还需要提前安排挖掘机待命。

② 城区管道内的光缆较多，光缆挖断后同型号光缆不容易区分相应的中继段，需要按照光缆上的尺码带进行区分编号，防止接错光缆，必要时可以让机房测试人员发送可见光源（红光）进行区分，接续时两侧接续组安排专人互相联系，确认光缆接续顺序。

③光缆瞬间受力过大，可能会导致除断点以外其他位置光缆受损，相邻人手井里的预留也可能会产生打小圈现象，接续前需要测试确认。城区管道人井距离较短，200m 光缆能够满足抢修要求，而长途硅管管道因相邻人井距离较长，须准备 800m 光缆。

④ 如果现场有挖掘机配合作业，可将故障点挖出，利用旧缆将新缆布放至两侧人井进行接续；如果没有机械配合作业，需要人工开挖，本着"先抢通，后修复"的原则，先临时布放光缆至两侧人井进行接续。

⑤ 开挖接头坑是长途硅管管道故障中比较费时的一个步骤，肇事挖掘机如果已经撤离，需要协调其他挖掘机协助操作，协调挖掘机的同时，安排抢修人员探测出相对较浅的位置，安排人工开挖接头坑。

图 6-26　施工挖断故障抢修

打桩机、打杆洞施工导致故障发生。城区管道故障易发生在道路施工区域（比如，高架、下穿、地铁等），长途硅管管道故障易发生在大型工地内（比如，新农村建设、光伏电站等）。此类故障的发生在施工初期比较频繁。打桩机、打杆洞施工造成的故障一般很明显，有明显的坑洞，现场能够直接发现，如图 6-27 所示。

打桩机、打杆洞施工导致的故障的抢修方案关键点如下。

① 城区不同于村镇，城区管道内的光缆较多，光缆挖断后同型号光缆不容易区分相应的中继段，需要按照光缆上的尺码带进行区分编号，防止接错光缆，必要时可以让机房测试人员发送可见光源（红光）进行区分，接续时两侧接续组安排专人互相联系，确认光缆接续顺序。

② 长途硅管管道内光缆较少，因打桩机有齿轮并旋转施工，光缆会缠绕在打桩机齿轮中，在拉拽过程中，200m 以外的相邻或相隔人手井里的预留产生打小圈现象，200m 光缆不能够满足抢修要求，须准备至少 500m 光缆，接续前需要测试确认。长途硅管管道因相邻人井距离较长，需准备至少 800m 光缆。

③ 如果现场有挖掘机配合作业，可将故障点挖出，利用旧缆将新缆布放至两侧人井进行接续；如果没有机械配合作业，需要人工开挖，本着"先抢通、后修复"，原则先临时布放光缆至两侧人井进行接续。

④ 开挖接头坑类似于挖掘机挖断故障，优先协调机械配合，同步安排人员探测较浅位置实施人工开挖。

图 6-27　打桩机、打杆洞施工导致故障抢修

顶管施工故障易发生在城区、乡镇街道、国省道的岔路口等。掌握此类故障的发生时间就要了解顶管施工的流程。一般情况下，顶管的拉管在夜间实施较多，因为拉管需要占用非机动车道或者人行道，夜间拉管不影响交通，顶管和扩孔一般都在白天准备妥当，此类故障的发生在顶管或扩孔阶段较多。顶管施工造成的故障点一般很隐蔽，从路由上方观察不能立即发现故障点，需要在附近观察是否有顶管机施工。这里需要特别提醒的是，注意观察附近树林、灌木丛、围墙另一侧是否有顶管机。有的工期短、工作量小的顶管施工未办理施工许可，为了逃避城管的处罚，隐藏比较深，需要仔细观察。在两侧人井找到故障光缆，拉拽光缆来判断故障点大概位置，如图 6-28 所示。

图 6-28　顶管施工故障抢修

顶管施工故障抢修方案关键点如下。

① 城区不同于村镇，城区管道内的光缆较多，光缆挖断后同型号光缆不容易区分相应的中继段，需要按照光缆上的尺码带进行区分编号，防止接错光缆，必要时可以让机房测试人员发送可见光源（红光）进行区分，

接续时两侧接续组安排专人互相联系,确认光缆接续顺序。

② 因顶管机钻头有齿轮并旋转施工,钻头接触到光缆后会将光缆缠绕在钻头的齿轮里,在旋转过程中,200m 以外的相邻或相隔人手井里的预留产生打小圈现象,200m 光缆不能够满足抢修要求,需准备至少 500m 光缆,接续前需要测试确认。长途硅管管道因相邻人井距离较长,须准备至少 800m 光缆。

③ 顶管施工故障点路面是完好的,本着"先抢通,后修复"原则,先临时布放光缆至两侧人井进行接续。

④ 开挖接头坑类似于挖掘机挖断故障,优先协调机械配合,同步安排人员探测较浅位置实施人工开挖。

鼠咬故障易发生在人井和引上,埋式光缆鼠咬故障一般为老鼠,老鼠夜间活动较多,鼠咬故障通常发生在夜间。此类故障比较隐蔽,且故障时间不一定就是受到鼠咬的时间,鼠咬导致光缆外护层受损,光缆在人井里长时间浸泡,施工人员布放光缆踩踏引发断纤,查找时须借助三长对照表或者测试曲线中接头点位置的数据进行判断,查找故障位置,必要时打开附近接头盒进行测试判断。注意观察人井壁有无破损或引上管旁的地下是否有小的坑洞,这些都是老鼠活动的迹象,这样做有利于缩小故障范围,如图 6-29 所示。

图 6-29 鼠咬故障抢修

鼠咬故障抢修方案关键点如下。

① 鼠咬故障通常中断一根或几根纤芯，一般采取调纤恢复，查找故障时注意轻拿轻放，防止造成其他纤芯再次中断。

② 找到故障点先做好临时保护，对故障点进行加固处理，经上级部门同意后方可实施修复。

火烧故障易发生在人井内、引上、管道裸露处。火烧故障时间点不确定，因为火烧故障一般是维护工作不到位造成的（人井盖丢失、管道外露等）。此类故障查找时主要观察人井盖是否缺失或破损，人井内是否有杂物、枯叶残枝等。火烧故障一般在故障点能闻到浓烈的焦油气味，可以缩小查找故障点的范围，如图 6-30 所示。

图 6-30　硅管火烧故障抢修

火烧故障抢修方案关键点如下。

处理城区管道火烧故障，切勿触碰故障点光缆。城区管道内光缆较多，燃烧后全部融化凝在一起，难以区分。所以先保护好现场，安排专人值守，其他人员布放临时光缆，摸查两侧人井内光缆，做好标记，进行编号，同时上报领导。准备工作做好之后，经上级部门批准方可实施修复工作。处理长途硅管火烧故障，切勿触碰故障点光缆，因承载业务重要，火烧并未烧断全部纤芯，先保护好现场，逐级汇报后按照上级指示实施修复。

人为破坏故障易发生的位置在人井内、引上处，人为误操作一般在白天发生，恶意破坏一般在夜间发生，故障点较为隐蔽。观察人井旁是否有人员在现场操作，如果操作人员已撤离，须观察现场是否有新布放的光缆处理此类故障须观察周围环境，询问周边居民，因为对于有些恶意破误操作，当事人会对故障点进行隐藏，所以查找此类故障不能放过任何一个细节，如图 6-31 所示。

人为破坏故障抢修方案关键点如下。

① 因故障点较为隐蔽，须做好测试分析，根据图纸接头点位置及距离判断故障点位置，必要时打开接头盒测试。

② 如果是误操作，可以立即实施抢修；如果是恶意破坏，需要两端机房进行双向测试，检查该肇事者是否制造了多处破坏点。

③ 长途硅管管道人为故障与城区管道人为故障类似，不同之处在于，长途硅管管道的人井为水泥盖板井，人为误操作会造成水泥盖板掉入井内砸伤光缆，需要携带工器具将水泥盖板取出。

图 6-31　人为破坏故障抢修

4. 实施抢修

确认抢修方案后需要严格执行，现场指挥人员需要做好抢修人员的分工安排，安排机房测试人员做好监测，现场抢修人员配合协作，以最快速度完成抢修。

关键点如下。

（1）接续前必须做好光缆确认，防止接错光缆。

（2）机房测试人员做好同步监测，发现问题及时反馈，尤其是发现其他断点时必须立即告知现场指挥人员。

（3）接续前需要与网管值班人员确认业务受影响情况，优先恢复影响业务的在用纤，按照级别高低逐步恢复在用纤。

（4）接续人员需要确认色谱，防止错管、错纤，同时必须严格控制熔接损耗，光纤端面制作时掌握"平、稳、快"三字诀："平"，即持纤要平，左手拇指和食指捏紧光纤，使之成水平状；"稳"，即剥纤钳要握得稳；"快"，即剥纤要快，剥纤钳应与光纤垂直，上方向内倾斜一定角度，用钳口轻轻卡住光纤，右手随之用力，顺光纤轴向平推。

5. 系统恢复验证

接续全部完成后，机房测试空闲纤芯性能正常，对光无错管、错纤后，与网管值班人员确认系统恢复情况，确认全部恢复后进行封盒、接头及余缆绑扎。放置后再次与网管值班人员确认系统情况，确认无问题后抢修结束，如图 6-32 所示。

图 6-32　故障抢修结束现场

6.3.4　故障善后及关键点

抢修结束后需要清理故障现场，对临时抢通的地段需要做好现场保护，现场必须拉好警示带，针对架空临时过路的必须安排施工人员尽快立杆支撑，并且安排人员 24 小时盯防，避免光缆再次中断，直到光缆完成迁改割接，如图 6-33 所示。

图 6-33　临时抢通的现场保护

对于抢修后不需要再次进行割接的，长途光缆必须按长途光缆施工规范进行填埋，增补接头标石和宣传牌，管道、架空光缆按相应的施工规范绑扎、固定接头盒和光缆，增补光缆标识牌，如图 6-34 所示。

图 6-34　长途光缆故障恢复后的现场

参考文献

[1] 中华人民共和国国家标准 GB/T 13993 通信光缆.中华人民共和国国家质量监督检验检疫总局、中国国家标准化管理委员会，2016.

[2] 中华人民共和国国家标准 GB/T 51171-2016 通信线路工程验收规范.中华人民共和国住房和城乡建设部、中华人民共和国国家质量监督检验检疫总局，2016.

[3] 中华人民共和国通信行业标准 YD/T 908-2011 光缆型号命名方法.中华人民共和国工业和信息化部，2011.

[4] 刘强，段景汉等.通信光缆线路工程与维护 [M].西安：西安电子科技大学出版社，2003.

[5] 刘世春，胡庆.本地网光缆线路维护读本 [M].北京：人民邮电出版社，2006.

[6] 张引发.光缆线路工程设计、施工与维护 [M].北京：电子工业出版社，2007.

[7] 刘世春.通信线路维护实用手册 [M].北京：人民邮电出版社，2007.

[8] 陈海涛，方水平.光传输线路与设备维护（华为版）[M].北京：人民邮电出版社，2011.

[9] 中国移动通信集团安徽有限公司.传输管线工程施工规范手册.2009.

[10] 中国移动通信集团安徽有限公司.网络维护序列职业技能认证培训教材 传输线路类.2013.